线性代数

（第2版）

程迪祥　主　编
潘显兵　副主编
程云龙　陈映洲　　编

清华大学出版社
北京

内容简介

线性代数是一门重要的数学基础课，具有较强的抽象性和逻辑性．它既是学习离散数学、微分方程、计算数学等后续课程的必备基础，也是在自然科学和工程技术各领域中得到广泛应用的数学工具．

全书共6章，包括行列式、矩阵、向量组及其线性相关性、线性方程组、相似矩阵及二次型、线性空间与线性变换等．每章均配有习题，书后附有相应的参考答案．

本书是针对应用型本科理、工、经管类各专业编写的教材，也可供高等工程专科学校及各类成人教育的师生使用．

图书在版编目(CIP)数据

线性代数/程迪祥主编．--2版．--北京：清华大学出版社，2013（2014.5重印）
ISBN 978-7-302-34139-0

Ⅰ．①线… Ⅱ．①程… Ⅲ．①线性代数—高等学校—教材 Ⅳ．①O151.2

中国版本图书馆CIP数据核字(2013)第243489号

责任编辑：陈　明
封面设计：傅瑞学
责任校对：王淑云
责任印制：王静怡

出版发行：清华大学出版社
网　址：http://www.tup.com.cn，http://www.wqbook.com
地　址：北京清华大学学研大厦A座　**邮　编**：100084
社总机：010-62770175　**邮　购**：010-62786544
投稿与读者服务：010-62776969，c-service@tup.tsinghua.edu.cn
质 量 反 馈：010-62772015，zhiliang@tup.tsinghua.edu.cn
印 刷 者：三河市君旺印装厂
装 订 者：三河市新茂装订有限公司
经　销：全国新华书店
开　本：170mm×230mm　**印　张**：8.75　**字　数**：175千字
版　次：2010年8月第1版 2013年11月第2版　**印　次**：2014年5月第2次印刷
印　数：3001～6000
定　价：15.00元

产品编号：054820-01

第2版前言

FOREWORD

本书的第 1 版自 2010 年 8 月问世以来，有 20 多所应用型本科、高职高专院校选用它作为教材，历经多次的教学检验，得到了同行们和广大读者的好评，在网店同类书的销量排行榜上也位列前茅. 在此，编者谨向关心和支持本书的各界人士表示衷心的感谢.

本次第 2 版的修订工作，凝聚了编者多年来讲授线性代数课程的教学经验以及从事高等院校教学改革工作的心得体会，同时也吸纳了部分读者朋友的宝贵意见. 在保持原书优良品质的基础上，编者对第 1 版中出现的一些错误进行了修正，并对内容体系进行了适当的调整和优化，力求更加适应新时期、新形势下压缩课时后的线性代数课程教学需要.

全书的修订工作主要由程迪祥、潘显兵、程云龙三位同志承担. 清华大学出版社对本书的出版及修订给予了极大的关心和帮助，在此表示由衷的感谢. 但由于编者水平有限，修订后的内容仍恐难尽如人意，敬请读者朋友们批评指正.

编　者

2013 年 8 月

前言

FOREWORD

线性代数是高等院校重要的基础理论课，也是代数学中应用性最强的一个分支．随着我国科学技术的飞速发展，线性代数知识已广泛应用于数学、物理、化工、工程技术和社会科学等各个领域，对社会和经济的发展产生了巨大的推动作用．

本书凝聚了作者多年讲授“线性代数”课程的教学经验及从事民办高校教学工作的心得和体会，在保持传统教材优点的基础上，对内容体系进行了适当的调整和优化，其主要特点体现在以下几个方面：

在课程结构上，本书既考虑了理、工、经管类各专业基础课程本科教学及后续课程的需要，又考虑了线性代数自身的学科体系特点，以线性方程组的求解及二次型的标准化为主线，系统介绍了行列式、矩阵、向量组及其线性相关性、线性方程组、相似矩阵及二次型、线性空间与线性变换等相关内容，既突出了矩阵方法、初等变换的重要性，又保持了线性代数学科内容的完整性．

在内容组织上，由于线性代数是一门应用性很强的学科，本书淡化了线性代数知识的理论推导，侧重于通过大量的例证来强化各个知识点的实际应用，这样有利于学生学习兴趣的培养和应用意识的提高．

在习题配置上，本书遵照循序渐进的原则，既注重基础知识的培养，又注重基本方法和基本技能的训练，有益于学生的进一步学习和深造．

本书由程迪祥提出编写思想和提纲，列出章节目录，并负责第 1 章和第 2 章的编写及全书的统稿定稿；潘显兵负责第 3 章和第 4 章的编写，程云龙负责第 5 章的编写，陈映洲负责第 6 章的编写．本书在编写过程中，参阅了大量的相关教材和资料，并借鉴了部分相关内容，在此谨向有关编者和作者表示由衷的感谢．本书还得到了第三军医大学易东及陈军的悉心指导，在此一并致谢．

由于编者水平有限，教材中难免有不妥之处，希望广大读者批评指正．

编　者

2010 年 4 月

目录

CONTENTS

第1章

行 列 式

本章从排列、对换等概念入手,引入 n 阶行列式的定义,介绍 n 阶行列式的性质、计算方法以及利用 n 阶行列式求解 n 元线性方程组的克莱姆法则.

1.1 排列

1.1.1 排列的定义

在中学的时候,我们曾学过乘法原理.所谓乘法原理就是:如果一个过程可以分成两个阶段进行,第一阶段有 m 种不同的做法,第二阶段有 n 种不同的做法,且第一阶段的任何一种做法都可以与第二阶段的任何一种做法搭配成整个过程的一种做法,那么整个过程有 mn 种做法.

例 1.1 用数字 1,2,3,4 可以组成多少个没有重复数字的三位数?

解 这个问题相当于:把四个数字分别放在百位、十位、个位上,有几种不同的放法?

我们可以将每种放法分为三个阶段进行.第一阶段,百位可以从四个数字中任选一个,有 4 种放法;第二阶段,十位可以从余下的三个数字中任选一个,有 3 种放法;第三阶段,个位可以从余下的两个数字中任选一个,有 2 种放法.根据乘法原理,共有 $4\times3\times2=24$ 种放法,即有 24 个没有重复数字的三位数.

这里的数字 1,2,3,4 是我们考察的对象.数学中把考察的对象称为**元素**.例 1.1 即为:从 4 个不同的元素中任取 3 个排成一列,共有几种不同的排法?

将例 1.1 推广到 n 个不同元素的情形,可得下面定义.

定义 1.1 从 n 个不同的元素中,任取 $r(0<r\leqslant n)$ 个按照一定的顺序排成一列,这样的一列元素叫做从 n 个不同元素中取 r 个组成的一种排列.通常将所有不同排列的种数记为 P_n^r.

例 1.2 从数字 $1,2,\cdots,n$ 中任取 r 个排成一列,共有多少种不同的排法?

解 这个问题相当于：从 n 个不同的元素中任取 r 个，放在 r 个不同的位置，共有多少种不同的放法？

显然，第一个位置可以从 n 个元素中任选一个放在该位置上，有 n 种放法；……第 r 个位置可以从余下的 $n-r+1$ 个元素中任选一个放在该位置上，有 $n-r+1$ 种放法. 根据乘法原理，共有 $n\times(n-1)\times\cdots\times(n-r+1)$ 种放法.

由此，我们可以得出计算 P_n^r 的方法，即

$$\mathrm{P}_n^r = n(n-1)\cdots(n-r+1), \quad 0 < r \leqslant n.$$

如果将例 1.2 中的 r 取为 n，可以得到一种特殊的排列，即全排列.

定义 1.2 把 n 个不同的元素排成一列，叫做这 n 个元素的一个全排列(简称排列或 n 元排列). 排列种数记为 P_n.

由例 1.2 可得

$$\mathrm{P}_n = n\times(n-1)\times\cdots\times 3\times 2\times 1 = n!.$$

在以后的实际应用中，通常只考虑由元素 $1,2,\cdots,n$ 组成的全排列.

1.1.2 逆序数

定义 1.3 对于元素 $1,2,\cdots,n$，我们规定各元素之间有一个标准次序(称为标准排列或自然排列，通常规定为由小到大的次序). 在这 n 个元素所构成的一个排列 $p_1\cdots p_i\cdots p_j\cdots p_n$ 中，当 $i<j$ 时，$p_i<p_j$，就称 p_i 与 p_j 构成一个顺序，反之，就称 p_i 与 p_j 构成一个逆序. p_i 前比 p_i 大的元素的个数称为 p_i 的逆序数. 排列 $p_1p_2\cdots p_n$ 中各个元素的逆序数的总和称为该排列的逆序数，记为 $t(p_1p_2\cdots p_n)$.

显然

$$t(p_1p_2\cdots p_n) = p_1 \text{ 的逆序数} + p_2 \text{ 的逆序数} + \cdots + p_n \text{ 的逆序数}.$$

例 1.3 求 $t(n(n-1)\cdots 1)$.

解 在排列 $n(n-1)\cdots 1$ 中，$n-1$ 的逆序数为 1，$n-2$ 的逆序数为 2，……，1 的逆序数为 $n-1$，于是

$$t(n(n-1)\cdots 1) = 1+\cdots+(n-1) = \frac{n(n-1)}{2}.$$

例 1.4 求 $t(53214)$.

解 在排列 53214 中，3 的逆序数为 1，2 的逆序数为 2，1 的逆序数为 3，4 的逆序数为 1，于是

$$t(53214) = 1+2+3+1 = 7.$$

逆序数为奇数的排列称为**奇排列**，逆序数为偶数的排列称为**偶排列**.

1.2 对换

我们来看两个三元排列：

$$312, 213.$$

显然排列 213 可以看成是将排列 312 中的元素 3,2 互换得到的,我们把这种互换称为一个对换.

定义 1.4 把一个排列中的某两个元素互换,而其余的元素保持不变得到另一个排列的过程称为一个对换. 相邻两个元素对换,叫做相邻对换.

定理 1.1 对换改变排列的奇偶性.

证 先证相邻对换的情形.

设排列为 $p_1\cdots p_n pqq_1\cdots q_m$,对换 p,q 后变为 $p_1\cdots p_n qpq_1\cdots q_m$. 显然,对换后 $p_1,\cdots,p_n,q_1,\cdots,q_m$ 这些元素的逆序数不变,而 p,q 两元素的逆序数变为下面两种情形: 当 $p<q$ 时,对换后 p 的逆序数增加 1,q 的逆序数不变; 当 $p>q$ 时,对换后 p 的逆序数不变,q 的逆序数减少 1,所以原排列与 $p_1\cdots p_n qpq_1\cdots q_m$ 的奇偶性相反.

再证一般对换的情形.

设排列为 $p_1\cdots p_n pq_1\cdots q_m qr_1\cdots r_k$,将 q 与 $q_m,\cdots,q_1$ 依次作 m 次相邻对换,变为 $p_1\cdots p_n pqq_1\cdots q_m r_1\cdots r_k$; 再将 p 与 $q,q_1,\cdots,q_m$ 依次作 $m+1$ 次相邻对换变为 $p_1\cdots p_n qq_1\cdots q_m pr_1\cdots r_k$. 总之,原排列经过 $2m+1$ 次相邻对换后变为 $p_1\cdots p_n qq_1\cdots q_m pr_1\cdots r_k$,所以这两个排列的奇偶性相反.

推论 1.1 任意一个 n 元排列都可以经过一系列对换变成标准排列,且所作对换的次数与这个排列有相同的奇偶性.

证 由定理 1.1 知,排列奇偶性的变化次数即为对换的次数,而标准排列为偶排列,故推论成立.

推论 1.2 在全部 $n!$ 个 n 元排列中,奇、偶排列的个数相等,各为$\frac{n!}{2}$个.

证 假设在 $n!$ 个 n 元排列中,有 s 个奇排列和 t 个偶排列,则 $s+t=n!$. 将 s 个奇排列的前两个元素都对换,即将 $p_1p_2p_3\cdots p_n$ 变为 $p_2p_1p_3\cdots p_n$,就得 s 个偶排列,显然 $s\leqslant t$. 同理可得 $t\leqslant s$,所以 $s=t=\frac{n!}{2}$.

1.3 行列式

1.3.1 行列式的定义

对于二元一次方程组

$$\begin{cases} a_{11}x_1+a_{12}x_2=b_1, \\ a_{21}x_1+a_{22}x_2=b_2, \end{cases} \tag{1.1}$$

当 $a_{11}a_{22}-a_{12}a_{21}\neq 0$ 时,用消元法可求出方程组(1.1)的解为

$$x_1=\frac{b_1a_{22}-a_{12}b_2}{a_{11}a_{22}-a_{12}a_{21}},\quad x_2=\frac{a_{11}b_2-b_1a_{21}}{a_{11}a_{22}-a_{12}a_{21}}. \tag{1.2}$$

在(1.2)式中,分母 $a_{11}a_{22}-a_{12}a_{21}$ 是方程组(1.1)的4个系数所确定的,把这4个数按其在方程组(1.1)中的位置排成2行2列(横排称为行、竖排称为列)的数表

$$\begin{matrix} a_{11} & a_{12} \\ a_{21} & a_{22} \end{matrix} \tag{1.3}$$

表达式 $a_{11}a_{22}-a_{12}a_{21}$ 称为数表(1.3)所确定的**二阶行列式**,记为 $\begin{vmatrix} a_{11} & a_{12} \\ a_{21} & a_{22} \end{vmatrix}$,即

$$\begin{vmatrix} a_{11} & a_{12} \\ a_{21} & a_{22} \end{vmatrix} = a_{11}a_{22}-a_{12}a_{21}, \tag{1.4}$$

这里,数 $a_{ij}\,(i,j=1,2)$ 称为行列式(1.4)的元素,第一个下标 i 称为行标,表明该元素位于第 i 行;第二个下标 j 称为列标,表明该元素位于第 j 列. 等式的右端称为**二阶行列式的展开式**.

二阶行列式可以按图1.1所示的对角线法则展开. 把 a_{11} 和 a_{22} 用实线(称为**主对角线**)连接,a_{12} 和 a_{21} 用虚线(称为**副对角线**)连接,二阶行列式就是主对角线上的两个元素之积与副对角线上的两个元素之积的差.

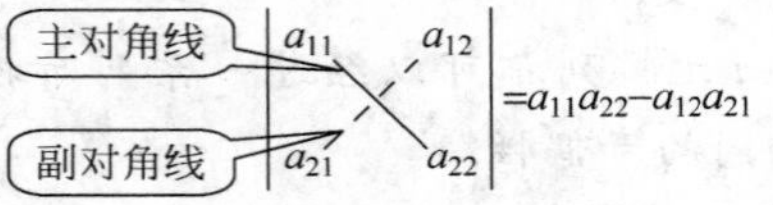

图 1.1

利用二阶行列式,方程组(1.1)的解可以表示为

$$x_1=\frac{D_1}{D}=\frac{\begin{vmatrix} b_1 & a_{12} \\ b_2 & a_{22} \end{vmatrix}}{\begin{vmatrix} a_{11} & a_{12} \\ a_{21} & a_{22} \end{vmatrix}},\quad x_2=\frac{D_2}{D}=\frac{\begin{vmatrix} a_{11} & b_1 \\ a_{21} & b_2 \end{vmatrix}}{\begin{vmatrix} a_{11} & a_{12} \\ a_{21} & a_{22} \end{vmatrix}}.$$

这里分母 D 是由方程组的系数所确定的二阶行列式(称为**系数行列式**),D_1 是用常数项 b_1,b_2 替换 D 中 x_1 的系数 a_{11},a_{21} 后所得的二阶行列式,D_2 是用常数项 b_1,b_2 替换 D 中 x_2 的系数 a_{12},a_{22} 后所得的二阶行列式.

例1.5 求解二元一次方程组

$$\begin{cases} 2x_1+x_2=1, \\ x_1+2x_2=0. \end{cases}$$

解

$$x_1=\frac{D_1}{D}=\frac{\begin{vmatrix} 1 & 1 \\ 0 & 2 \end{vmatrix}}{\begin{vmatrix} 2 & 1 \\ 1 & 2 \end{vmatrix}}=\frac{1\times2-1\times0}{2\times2-1\times1}=\frac{2}{3},$$

$$x_2=\frac{D_2}{D}=\frac{\begin{vmatrix}2&1\\1&0\end{vmatrix}}{\begin{vmatrix}2&1\\1&2\end{vmatrix}}=\frac{2\times0-1\times1}{2\times2-1\times1}=-\frac{1}{3}.$$

定义 1.5　将 9 个数 $a_{ij}(i,j=1,2,3)$排成 3 行 3 列的数表

$$\begin{matrix}a_{11}&a_{12}&a_{13}\\a_{21}&a_{22}&a_{23}\\a_{31}&a_{32}&a_{33}\end{matrix}\tag{1.5}$$

表达式 $a_{11}a_{22}a_{33}+a_{12}a_{23}a_{31}+a_{13}a_{21}a_{32}-a_{11}a_{23}a_{32}-a_{12}a_{21}a_{33}-a_{13}a_{22}a_{31}$ 称为数表(1.5)所确定的三阶行列式，记为 $\begin{vmatrix}a_{11}&a_{12}&a_{13}\\a_{21}&a_{22}&a_{23}\\a_{31}&a_{32}&a_{33}\end{vmatrix}$，即

$$\begin{vmatrix}a_{11}&a_{12}&a_{13}\\a_{21}&a_{22}&a_{23}\\a_{31}&a_{32}&a_{33}\end{vmatrix}=a_{11}a_{22}a_{33}+a_{12}a_{23}a_{31}+a_{13}a_{21}a_{32}-a_{11}a_{23}a_{32}-a_{12}a_{21}a_{33}-a_{13}a_{22}a_{31},$$

等式的右端称为三阶行列式的展开式.

三阶行列式可以按图 1.2 所示的对角线法则展开.

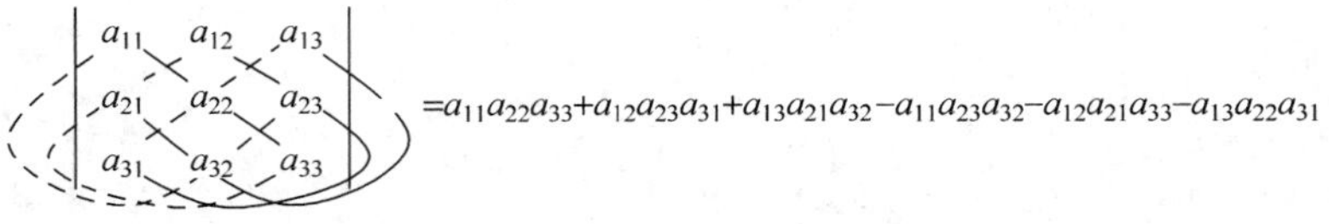

图　1.2

例 1.6　计算三阶行列式

$$D=\begin{vmatrix}1&1&1\\2&0&1\\3&2&1\end{vmatrix}.$$

解　直接用定义计算可得

$$D=1\times0\times1+1\times1\times3+1\times2\times2-1\times1\times2-1\times2\times1-1\times0\times3=3.$$

分析二阶行列式和三阶行列式，可以看出其展开式具有以下规律(n 为行列式的阶数)：

(1) 行列式共有 $n!$ 项，带正、负号的项各占一半；

(2) 行标排列为自然排列；

(3) 每项均为 n 个元素的乘积，且这 n 个元素分别取自于不同的行和不同的列；

(4) 每项前的符号取决于列标排列的奇偶性.

于是，二阶行列式可以表示为

$$D=\sum_{p_1p_2}(-1)^{t(p_1p_2)}a_{1p_1}a_{2p_2},$$

这里的 $\sum\limits_{p_1p_2}$ 表示对数 1,2 的所有排列 p_1p_2 求和.

三阶行列式可以表示为

$$D=\sum_{p_1p_2p_3}(-1)^{t(p_1p_2p_3)}a_{1p_1}a_{2p_2}a_{3p_3},$$

这里的 $\sum\limits_{p_1p_2p_3}$ 表示对数 1,2,3 的所有排列 $p_1p_2p_3$ 求和.

依此类推,我们可以定义 n 阶行列式.

定义 1.6 将 n^2 个数排成 n 行 n 列的数表

$$\begin{matrix} a_{11} & a_{12} & \cdots & a_{1n} \\ a_{21} & a_{22} & \cdots & a_{2n} \\ \vdots & \vdots & & \vdots \\ a_{n1} & a_{n2} & \cdots & a_{nn} \end{matrix} \tag{1.6}$$

表达式 $\sum\limits_{p_1p_2\cdots p_n}(-1)^{t(p_1p_2\cdots p_n)}a_{1p_1}a_{2p_2}\cdots a_{np_n}$ 称为数表(1.6)所确定的 n 阶行列式,记为 $\begin{vmatrix} a_{11} & a_{12} & \cdots & a_{1n} \\ a_{21} & a_{22} & \cdots & a_{2n} \\ \vdots & \vdots & & \vdots \\ a_{n1} & a_{n2} & \cdots & a_{nn} \end{vmatrix}$,即

$$D=\begin{vmatrix} a_{11} & a_{12} & \cdots & a_{1n} \\ a_{21} & a_{22} & \cdots & a_{2n} \\ \vdots & \vdots & & \vdots \\ a_{n1} & a_{n2} & \cdots & a_{nn} \end{vmatrix}=\sum_{p_1p_2\cdots p_n}(-1)^{t(p_1p_2\cdots p_n)}a_{1p_1}a_{2p_2}\cdots a_{np_n}.$$

这里 $\sum\limits_{p_1p_2\cdots p_n}$ 表示对数 $1,2,\cdots,n$ 的所有排列 $p_1p_2\cdots p_n$ 求和,数 $a_{ij}\ (i,j=1,2,\cdots,n)$ 称为行列式 D 中第 i 行、第 j 列的元素. n 阶行列式也可简记为 $\det(a_{ij})$.

行列式左上角到右下角的连线称为**主对角线**,右上角到左下角的连线称为**副对角线**. 当 $n=1$ 时,$|a|=a$.

例 1.7 判断以下各项是否是四阶行列式 $D_4=\det(a_{ij})$ 展开式中的一项,如是,它们前面的符号如何?

(1) $a_{11}a_{23}a_{34}$; (2) $a_{11}a_{23}a_{22}a_{34}$; (3) $a_{12}a_{43}a_{31}a_{24}$.

解 (1)、(2)不是; (3)是. 因为 $a_{12}a_{43}a_{31}a_{24}=a_{12}a_{24}a_{31}a_{43}$,$a_{12}a_{24}a_{31}a_{43}$ 的行标排列为标准排列,列标排列为 2413,$t(2413)=3$,所以该项带负号.

例 1.8 计算上三角行列式(当 $i>j$ 时,$a_{ij}=0\ (i,j=1,2,\cdots,n)$,即主对角线以下的元素全为 0)

$$D=\begin{vmatrix} a_{11} & a_{12} & \cdots & a_{1n} \\ 0 & a_{22} & \cdots & a_{2n} \\ \vdots & \vdots & & \vdots \\ 0 & 0 & \cdots & a_{nn} \end{vmatrix}.$$

解　$D=\sum\limits_{p_1p_2\cdots p_n}(-1)^{t(p_1p_2\cdots p_n)}a_{1p_1}a_{2p_2}\cdots a_{np_n}$. 在 $a_{1p_1}a_{2p_2}\cdots a_{np_n}$ 中，p_n 只有取 n 时，a_{np_n} 才可能不为 0. 此时，p_{n-1} 只有取 $n-1$ 时，$a_{n-1,p_{n-1}}$ 才可能不为 0. 依此类推，p_1 只有取 1 时，a_{1p_1} 才可能不为 0，D 的展开式中只有一项 $a_{11}a_{22}\cdots a_{nn}$ 可能不为 0，而这项的列标排列为标准排列，所以

$$D=\begin{vmatrix} a_{11} & a_{12} & \cdots & a_{1n} \\ 0 & a_{22} & \cdots & a_{2n} \\ \vdots & \vdots & & \vdots \\ 0 & 0 & \cdots & a_{nn} \end{vmatrix}=a_{11}a_{22}\cdots a_{nn}.$$

同理可得下三角行列式(当 $i<j$ 时，$a_{ij}=0(i,j=1,2,\cdots,n)$，即主对角线以上的元素全为 0)

$$D=\begin{vmatrix} a_{11} & 0 & \cdots & 0 \\ a_{21} & a_{22} & \cdots & 0 \\ \vdots & \vdots & & \vdots \\ a_{n1} & a_{n2} & \cdots & a_{nn} \end{vmatrix}=a_{11}a_{22}\cdots a_{nn}.$$

特别地，对角行列式(当 $i\neq j$ 时，$a_{ij}=0(i,j=1,2,\cdots,n)$，即主对角线以外的元素全为 0，以后常把 0 元素略去不写)

$$D=\begin{vmatrix} a_{11} & & & \\ & a_{22} & & \\ & & \ddots & \\ & & & a_{nn} \end{vmatrix}=a_{11}a_{22}\cdots a_{nn}.$$

例 1.9　证明

$$D=\begin{vmatrix} & & & a_1 \\ & & a_2 & \\ & ⋰ & & \\ a_n & & & \end{vmatrix}=(-1)^{\frac{n(n-1)}{2}}a_1a_2\cdots a_n.$$

证

$$D=\begin{vmatrix} & & & a_1 \\ & & a_2 & \\ & ⋰ & & \\ a_n & & & \end{vmatrix}$$

$$\xlongequal{\text{记 } a_1=b_{1n},a_2=b_{2,n-1},\cdots,a_n=b_{n1}} \begin{vmatrix} & & & b_{1n} \\ & & b_{2,n-1} & \\ & \iddots & & \\ b_{n1} & & & \end{vmatrix}$$

$$= (-1)^{t(n(n-1)\cdots 1)} b_{1n} b_{2,n-1} \cdots b_{n1}$$

$$= (-1)^{\frac{n(n-1)}{2}} a_1 a_2 \cdots a_n.$$

例 1.10 计算

$$D = \begin{vmatrix} a_{11} & a_{12} & a_{13} & a_{14} & a_{15} \\ a_{21} & a_{22} & a_{23} & a_{24} & a_{25} \\ a_{31} & a_{32} & 0 & 0 & 0 \\ a_{41} & a_{42} & 0 & 0 & 0 \\ a_{51} & a_{52} & 0 & 0 & 0 \end{vmatrix}.$$

解 $D = \sum\limits_{p_1 p_2 \cdots p_5} (-1)^{t(p_1 p_2 \cdots p_5)} a_{1p_1} a_{2p_2} \cdots a_{5p_5}$. 在 $a_{1p_1} a_{2p_2} \cdots a_{5p_5}$ 中,p_5 只有取 1 或 2 时,a_{5p_5} 才可能不为 0,此时,p_4 只有取 2 或 1 时,a_{4p_4} 才可能不为 0. 由于展开式中的项为取自不同行、不同列的元素的乘积,所以 p_3 只能在 3,4,5 中选择,即 a_{3p_3} 必为 0,所以 $D=0$.

1.3.2 行列式的等价定义

对于 n 阶行列式

$$D = \sum_{p_1 p_2 \cdots p_n} (-1)^{t(p_1 p_2 \cdots p_n)} a_{1p_1} a_{2p_2} \cdots a_{np_n},$$

由于 $a_{1p_1} a_{2p_2} \cdots a_{np_n}$ 是 n 个数的乘积,满足交换律,故可以将 $a_{1p_1} a_{2p_2} \cdots a_{np_n}$ 中的元素进行交换. 当 $a_{1p_1} a_{2p_2} \cdots a_{np_n}$ 经过 m 次交换化为 $a_{i_1 j_1} a_{i_2 j_2} \cdots a_{i_n j_n}$ 时,$a_{1p_1} a_{2p_2} \cdots a_{np_n}$ 的行标排列 $12\cdots n$ 变为 $i_1 i_2 \cdots i_n$,行标排列的奇偶性变换 m 次;列标排列 $p_1 p_2 \cdots p_n$ 变为 $j_1 j_2 \cdots j_n$,列标排列的奇偶性也变换 m 次. 于是

$$\begin{aligned} (-1)^{t(p_1 p_2 \cdots p_n)} a_{1p_1} a_{2p_2} \cdots a_{np_n} &= (-1)^{t(12\cdots n)+t(p_1 p_2 \cdots p_n)} a_{1p_1} a_{2p_2} \cdots a_{np_n} \\ &= (-1)^{t(i_1 i_2 \cdots i_n)+m+t(j_1 j_2 \cdots j_n)+m} a_{i_1 j_1} a_{i_2 j_2} \cdots a_{i_n j_n} \\ &= (-1)^{t(i_1 i_2 \cdots i_n)+t(j_1 j_2 \cdots j_n)} a_{i_1 j_1} a_{i_2 j_2} \cdots a_{i_n j_n}. \end{aligned}$$

又 $a_{1p_1} a_{2p_2} \cdots a_{np_n}$ 与 $a_{i_1 j_1} a_{i_2 j_2} \cdots a_{i_n j_n}$ 是相互惟一确定的,故

$$\begin{aligned} D &= \sum_{p_1 p_2 \cdots p_n} (-1)^{t(p_1 p_2 \cdots p_n)} a_{1p_1} a_{2p_2} \cdots a_{np_n} \\ &= \sum_{\substack{i_1 i_2 \cdots i_n \\ (\text{或} j_1 j_2 \cdots j_n)}} (-1)^{t(i_1 i_2 \cdots i_n)+t(j_1 j_2 \cdots j_n)} a_{i_1 j_1} a_{i_2 j_2} \cdots a_{i_n j_n} \end{aligned}$$

由此可得 n 阶行列式的等价定义.

定义 1.6′

$$D=\sum_{\substack{i_1i_2\cdots i_n\\(\text{或}j_1j_2\cdots j_n)}}(-1)^{t(i_1i_2\cdots i_n)+t(j_1j_2\cdots j_n)}a_{i_1j_1}a_{i_2j_2}\cdots a_{i_nj_n}.$$

特别地，当列标排列为标准排列时，可得下面结论.

定义 1.6″

$$D=\sum_{q_1q_2\cdots q_n}(-1)^{t(q_1q_2\cdots q_n)}a_{q_11}a_{q_22}\cdots a_{q_nn}.$$

1.4 行列式的性质

n 阶行列式的展开式中共有 $n!$ 项，当 n 较大时，用定义计算行列式是很困难的，此时通常利用行列式的性质来计算.

记

$$D=\begin{vmatrix}a_{11}&\cdots&a_{1n}\\ \vdots&&\vdots\\ a_{n1}&\cdots&a_{nn}\end{vmatrix},\quad D^{\mathrm{T}}=\begin{vmatrix}a_{11}&\cdots&a_{n1}\\ \vdots&&\vdots\\ a_{1n}&\cdots&a_{nn}\end{vmatrix},$$

D^{T} 称为 D 的**转置行列式**.

性质 1.1 行列式与其转置行列式相等.

证 记

$$D^{\mathrm{T}}=\begin{vmatrix}b_{11}&\cdots&b_{1n}\\ \vdots&&\vdots\\ b_{n1}&\cdots&b_{nn}\end{vmatrix},$$

这里 $b_{ij}=a_{ji}(i,j=1,2,\cdots,n)$，由行列式的定义知

$$\begin{aligned}D^{\mathrm{T}}&=\sum_{p_1p_2\cdots p_n}(-1)^{t(p_1p_2\cdots p_n)}b_{1p_1}b_{2p_2}\cdots b_{np_n}\\&=\sum_{p_1p_2\cdots p_n}(-1)^{t(p_1p_2\cdots p_n)}a_{p_11}a_{p_22}\cdots a_{p_nn},\end{aligned}$$

而由行列式的等价定义 1.6″可知

$$D=\sum_{p_1p_2\cdots p_n}(-1)^{t(p_1p_2\cdots p_n)}a_{p_11}a_{p_22}\cdots a_{p_nn},$$

故 $D^{\mathrm{T}}=D$.

性质 1.1 表明，行列式对行成立的性质对列也成立，反之亦然.

性质 1.2 行列式的两行(列)互换，其值反号.

证 设 D 交换第 i,j 行后得到

$$D_1=\begin{vmatrix}b_{11}&\cdots&b_{1n}\\ \vdots&&\vdots\\ b_{n1}&\cdots&b_{nn}\end{vmatrix},$$

这里,当 $k\neq i,j$ 时,$b_{kp}=a_{kp}$;当 $k=i,j$ 时,$b_{ip}=a_{jp}$,$b_{jp}=a_{ip}$. 于是

$$\begin{aligned}
D_1 &= \sum(-1)^{t(p_1\cdots p_i\cdots p_j\cdots p_n)}b_{1p_1}\cdots b_{ip_i}\cdots b_{jp_j}\cdots b_{np_n}\\
&= \sum(-1)^{t(p_1\cdots p_i\cdots p_j\cdots p_n)}a_{1p_1}\cdots a_{jp_i}\cdots a_{ip_j}\cdots a_{np_n}\\
&\xlongequal{a_{ip_j}\text{ 与 }a_{jp_i}\text{ 交换}} \sum(-1)^{t(p_1\cdots p_i\cdots p_j\cdots p_n)}a_{1p_1}\cdots a_{ip_j}\cdots a_{jp_i}\cdots a_{np_n}\\
&= \sum(-1)^{1+t(p_1\cdots p_j\cdots p_i\cdots p_n)}a_{1p_1}\cdots a_{ip_j}\cdots a_{jp_i}\cdots a_{np_n}\\
&= -\sum(-1)^{t(p_1\cdots p_j\cdots p_i\cdots p_n)}a_{1p_1}\cdots a_{ip_j}\cdots a_{jp_i}\cdots a_{np_n}\\
&= -D,
\end{aligned}$$

故 $D_1=-D$.

性质 1.3 行列式的某一行(列)中所有元素都乘以同一数 k,等于用数 k 乘此行列式. 即

$$\begin{vmatrix} a_{11} & \cdots & a_{1n}\\ \vdots & & \vdots\\ ka_{i1} & \cdots & ka_{in}\\ \vdots & & \vdots\\ a_{n1} & \cdots & a_{nn}\end{vmatrix} = k\begin{vmatrix} a_{11} & \cdots & a_{1n}\\ \vdots & & \vdots\\ a_{i1} & \cdots & a_{in}\\ \vdots & & \vdots\\ a_{n1} & \cdots & a_{nn}\end{vmatrix}.$$

推论 1.3 行列式的某两行(列)对应元素成比例,其值为零.

性质 1.4 行列式的某一行(列)中所有元素都是两个数之和,则该行列式等于相应的两个行列式之和. 例如

$$\begin{vmatrix} a_{11} & \cdots & a_{1n}\\ \vdots & & \vdots\\ a_{i1}+b_{i1} & \cdots & a_{in}+b_{in}\\ \vdots & & \vdots\\ a_{n1} & \cdots & a_{nn}\end{vmatrix} = \begin{vmatrix} a_{11} & \cdots & a_{1n}\\ \vdots & & \vdots\\ a_{i1} & \cdots & a_{in}\\ \vdots & & \vdots\\ a_{n1} & \cdots & a_{nn}\end{vmatrix} + \begin{vmatrix} a_{11} & \cdots & a_{1n}\\ \vdots & & \vdots\\ b_{i1} & \cdots & b_{in}\\ \vdots & & \vdots\\ a_{n1} & \cdots & a_{nn}\end{vmatrix}.$$

性质 1.3、性质 1.4 都很容易用行列式的定义证明.

推论 1.4 行列式某一行(列)的各元素乘以同一数后加到另一行(列)的对应元素上,其值不变. 即

$$\begin{vmatrix} a_{11} & \cdots & a_{1n}\\ \vdots & & \vdots\\ a_{i1} & \cdots & a_{in}\\ \vdots & & \vdots\\ a_{j1} & \cdots & a_{jn}\\ \vdots & & \vdots\\ a_{n1} & \cdots & a_{nn}\end{vmatrix} = \begin{vmatrix} a_{11} & \cdots & a_{1n}\\ \vdots & & \vdots\\ a_{i1}+ka_{j1} & \cdots & a_{in}+ka_{jn}\\ \vdots & & \vdots\\ a_{j1} & \cdots & a_{jn}\\ \vdots & & \vdots\\ a_{n1} & \cdots & a_{nn}\end{vmatrix}.$$

为方便起见，今后我们以 r_i 表示行列式的第 i 行，c_i 表示第 i 列，交换 i,j 两行(列)，记为 $r_i\leftrightarrow r_j(c_i\leftrightarrow c_j)$；第 i 行(列)乘以 k，记为 $r_i\times k(c_i\times k)$；第 i 行(列)提出公因子 k，记为 $r_i\div k(c_i\div k)$；第 j 行(列)的每个元素都乘以数 k 加到第 i 行(列)，记为 $r_i+kr_j(c_i+kc_j)$.

通常，我们可以利用行列式的性质将其化成三角形式，从而计算出行列式的值.

例 1.11 计算

$$D=\begin{vmatrix}3&2&1&1\\2&2&2&1\\1&2&2&2\\1&1&2&3\end{vmatrix}.$$

解 这个行列式的特点是各列的元素之和为 7，把第 2,3,4 行同时加到第 1 行，提出公因子 7，然后再化简得到

$$D\xlongequal[r_1\div 7]{r_1+r_2+r_3+r_4}7\begin{vmatrix}1&1&1&1\\2&2&2&1\\1&2&2&2\\1&1&2&3\end{vmatrix}\xlongequal[\substack{r_3-r_1\\r_4-r_1}]{r_2-2r_1}7\begin{vmatrix}1&1&1&1\\0&0&0&-1\\0&1&1&1\\0&0&1&2\end{vmatrix}$$

$$\xlongequal[r_3\leftrightarrow r_4]{r_2\leftrightarrow r_3}7\begin{vmatrix}1&1&1&1\\0&1&1&1\\0&0&1&2\\0&0&0&-1\end{vmatrix}=-7.$$

例 1.12 计算

$$D=\begin{vmatrix}a&&&&&b\\&a&&&b&\\&&a&b&&\\&&b&a&&\\&b&&&a&\\b&&&&&a\end{vmatrix}.$$

解

$$D\xlongequal[r_3+r_4]{\substack{r_1+r_6\\r_2+r_5}}\begin{vmatrix}a+b&&&&&a+b\\&a+b&&&a+b&\\&&a+b&a+b&&\\&&b&a&&\\&b&&&a&\\b&&&&&a\end{vmatrix}$$

$$\xlongequal[r_3 \div (a+b)]{\substack{r_1 \div (a+b) \\ r_2 \div (a+b)}} (a+b)^3 \begin{vmatrix} 1 & & & & & 1 \\ & 1 & & & 1 & \\ & & 1 & 1 & & \\ & & b & a & & \\ & b & & & a & \\ b & & & & & a \end{vmatrix}$$

$$\xlongequal[r_4 - br_3]{\substack{r_6 - br_1 \\ r_5 - br_2}} (a+b)^3 \begin{vmatrix} 1 & & & & & 1 \\ & 1 & & & 1 & \\ & & 1 & 1 & & \\ & & 0 & a-b & & \\ & 0 & & & a-b & \\ 0 & & & & & a-b \end{vmatrix}$$

$$= (a^2-b^2)^3.$$

注 在把几个运算写在一起的省略写法中，由于后一次运算是在前一次运算的基础上进行的，因此，各个运算的次序一般不能颠倒. 另外，要注意 $r_i + r_j$ 与 $r_j + r_i$ 的区别，以及 $r_i + kr_j$ 与 $kr_j + r_i$ 的区别.

在行列式 $D = \det(a_{ij})$ 中，当 $a_{ij} = a_{ji}$ $(i, j = 1, 2, \cdots, n)$ 时，该行列式称为**对称行列式**；当 $a_{ij} = -a_{ji}$ $(i, j = 1, 2, \cdots, n)$ 时，该行列式称为**反对称行列式**.

例 1.13 证明奇数阶反对称行列式值为零.

证

$$D = \begin{vmatrix} 0 & a_{12} & \cdots & a_{1n} \\ -a_{12} & 0 & \cdots & a_{2n} \\ \vdots & \vdots & & \vdots \\ -a_{1n} & -a_{2n} & \cdots & 0 \end{vmatrix}$$

$$\xlongequal[r_n \div (-1)]{\substack{r_1 \div (-1) \\ r_2 \div (-1) \\ \vdots}} (-1)^n \begin{vmatrix} 0 & -a_{12} & \cdots & -a_{1n} \\ a_{12} & 0 & \cdots & -a_{2n} \\ \vdots & \vdots & & \vdots \\ a_{1n} & a_{2n} & \cdots & 0 \end{vmatrix}$$

$$= (-1)^n D^{\mathrm{T}}$$

$$= (-1)^n D,$$

当 n 为奇数时，$D = -D$，故 $D = 0$.

1.5　行列式的展开

1.5.1　余子式及代数余子式

通常情况下,低阶行列式比高阶行列式更容易计算,因此我们总希望将高阶行列式化为低阶行列式. 为此,我们首先介绍余子式及代数余子式的概念.

定义 1.7　在 n 阶行列式中,把元素 a_{ij} 所在的第 i 行、第 j 列划去后,余下的 $n-1$ 阶行列式叫做元素 a_{ij} 的余子式,记为 M_{ij}；$(-1)^{i+j}M_{ij}$ 叫做 a_{ij} 的代数余子式,记为 A_{ij}.

例如四阶行列式

$$D=\begin{vmatrix} a_{11} & a_{12} & a_{13} & a_{14} \\ a_{21} & a_{22} & a_{23} & a_{24} \\ a_{31} & a_{32} & a_{33} & a_{34} \\ a_{41} & a_{42} & a_{43} & a_{44} \end{vmatrix}$$

中元素 a_{22} 的余子式、代数余子式分别为

$$M_{22}=\begin{vmatrix} a_{11} & a_{13} & a_{14} \\ a_{31} & a_{33} & a_{34} \\ a_{41} & a_{43} & a_{44} \end{vmatrix}=\sum_{p_1p_3p_4}(-1)^{t(p_1p_3p_4)}a_{1p_1}a_{3p_3}a_{4p_4},$$

$$A_{22}=(-1)^{2+2}M_{22}=M_{22},$$

这里 $p_1p_3p_4$ 为数 1,3,4 的排列.

同理,n 阶行列式 $\det(a_{ij})$ 中元素 a_{ij} 的余子式、代数余子式分别为

$$M_{ij}=\sum_{p_1\cdots p_{i-1}p_{i+1}\cdots p_n}(-1)^{t(p_1\cdots p_{i-1}p_{i+1}\cdots p_n)}a_{1p_1}\cdots a_{i-1,p_{i-1}}a_{i+1,p_{i+1}}\cdots a_{np_n},$$

$$A_{ij}=(-1)^{i+j}M_{ij},$$

这里 $p_1\cdots p_{i-1}p_{i+1}\cdots p_n$ 为数 $1,2,\cdots,j-1,j+1,\cdots,n$ 的排列.

1.5.2　行列式按行(列)展开

引理 1.1　对于 n 阶行列式 $D=\det(a_{ij})$,如果其中第 i 行所有元素除 a_{ij} 外都为零,则行列式 D 等于 a_{ij} 与其代数余子式的乘积,即

$$D=a_{ij}A_{ij}.$$

证　在 $D=\sum\limits_{p_1\cdots p_i\cdots p_n}(-1)^{t(p_1\cdots p_i\cdots p_n)}a_{1p_1}\cdots a_{ip_i}\cdots a_{np_n}$ 中,由于第 i 行所有元素除 a_{ij} 外都为 0,所以

$$D=\sum_{p_1\cdots j\cdots p_n}(-1)^{t(p_1\cdots p_{i-1}jp_{i+1}\cdots p_n)}a_{1p_1}\cdots a_{i-1,p_{i-1}}a_{ij}a_{i+1,p_{i+1}}\cdots a_{np_n}$$

$$=\sum_{jp_1\cdots p_{i-1}p_{i+1}\cdots p_n}(-1)^{t(i12\cdots(i-1)(i+1)\cdots n)+t(jp_1\cdots p_{i-1}p_{i+1}\cdots p_n)}a_{ij}a_{1p_1}\cdots a_{i-1,p_{i-1}}a_{i+1,p_{i+1}}\cdots a_{np_n}$$

$$= \sum_{jp_1\cdots p_{i-1}p_{i+1}\cdots p_n} (-1)^{(i-1)+(j-1)+t(p_1\cdots p_{i-1}p_{i+1}\cdots p_n)} a_{ij}a_{1p_1}\cdots a_{i-1,p_{i-1}}a_{i+1,p_{i+1}}\cdots a_{np_n}$$

$$= \sum_{jp_1\cdots p_{i-1}p_{i+1}\cdots p_n} (-1)^{(i+j)} a_{ij}(-1)^{t(p_1\cdots p_{i-1}p_{i+1}\cdots p_n)} a_{1p_1}\cdots a_{i-1,p_{i-1}}a_{i+1,p_{i+1}}\cdots a_{np_n}$$

$$= (-1)^{(i+j)} a_{ij} \sum_{p_1\cdots p_{i-1}p_{i+1}\cdots p_n} (-1)^{t(p_1\cdots p_{i-1}p_{i+1}\cdots p_n)} a_{1p_1}\cdots a_{i-1,p_{i-1}}a_{i+1,p_{i+1}}\cdots a_{np_n}$$

$$= (-1)^{(i+j)} a_{ij}M_{ij}$$

$$= a_{ij}A_{ij}.$$

定理 1.2 行列式 $D=\det(a_{ij})$ 等于它的任一行(列)的各元素与其对应的代数余子式乘积之和,即

$$D = a_{i1}A_{i1} + a_{i2}A_{i2} + \cdots + a_{in}A_{in},\quad i = 1,2,\cdots,n,$$

或

$$D = a_{1j}A_{1j} + a_{2j}A_{2j} + \cdots + a_{nj}A_{nj},\quad j = 1,2,\cdots,n.$$

证

$$D=\begin{vmatrix} a_{11} & a_{12} & \cdots & a_{1n} \\ \vdots & \vdots & & \vdots \\ a_{i1}+0+\cdots+0 & 0+a_{i2}+\cdots+0 & \cdots & 0+0+\cdots+a_{in} \\ \vdots & \vdots & & \vdots \\ a_{n1} & a_{n2} & \cdots & a_{nn} \end{vmatrix}$$

$$= \begin{vmatrix} a_{11} & a_{12} & \cdots & a_{1n} \\ \vdots & \vdots & & \vdots \\ a_{i1} & 0 & \cdots & 0 \\ \vdots & \vdots & & \vdots \\ a_{n1} & a_{n2} & \cdots & a_{nn} \end{vmatrix} + \begin{vmatrix} a_{11} & a_{12} & \cdots & a_{1n} \\ \vdots & \vdots & & \vdots \\ 0 & a_{i2} & \cdots & 0 \\ \vdots & \vdots & & \vdots \\ a_{n1} & a_{n2} & \cdots & a_{nn} \end{vmatrix} + \cdots + \begin{vmatrix} a_{11} & a_{12} & \cdots & a_{1n} \\ \vdots & \vdots & & \vdots \\ 0 & 0 & \cdots & a_{in} \\ \vdots & \vdots & & \vdots \\ a_{n1} & a_{n2} & \cdots & a_{nn} \end{vmatrix}$$

$$= a_{i1}A_{i1} + a_{i2}A_{i2} + \cdots + a_{in}A_{in},\quad i = 1,2,\cdots,n.$$

同理可证

$$D = a_{1j}A_{1j} + a_{2j}A_{2j} + \cdots + a_{nj}A_{nj},\quad j = 1,2,\cdots,n.$$

定理 1.2 称为行列式按第 i 行(第 j 列)的展开定理. 利用该定理及行列式的性质,可以达到降低行列式阶数、简化运算的目的.

例 1.14 计算

$$D = \begin{vmatrix} a & 1 & 0 & 0 \\ -1 & a & 1 & 0 \\ 0 & -1 & a & 1 \\ 0 & 0 & -1 & a \end{vmatrix}.$$

解　按第一行展开得

$$
\begin{aligned}
D &= aA_{11}+1A_{12}+0A_{13}+0A_{14}\\
&= a\begin{vmatrix} a & 1 & 0\\ -1 & a & 1\\ 0 & -1 & a\end{vmatrix} - \begin{vmatrix} -1 & 1 & 0\\ 0 & a & 1\\ 0 & -1 & a\end{vmatrix}\\
&= a\left(a\begin{vmatrix} a & 1\\ -1 & a\end{vmatrix} - \begin{vmatrix} -1 & 1\\ 0 & a\end{vmatrix}\right) + \begin{vmatrix} a & 1\\ -1 & a\end{vmatrix}\\
&= a^4+3a^2+1.
\end{aligned}
$$

例 1.15　计算

$$
D=\begin{vmatrix} a & b & 0 & \cdots & 0 & 0\\ 0 & a & b & \cdots & 0 & 0\\ \vdots & \vdots & \vdots & & \vdots & \vdots\\ 0 & 0 & 0 & \cdots & a & b\\ b & 0 & 0 & \cdots & 0 & a\end{vmatrix}_{(n阶)}.
$$

解　按第一列展开得

$$
D=a\begin{vmatrix} a & b & 0 & \cdots & 0 & 0\\ 0 & a & b & \cdots & 0 & 0\\ \vdots & \vdots & \vdots & & \vdots & \vdots\\ 0 & 0 & 0 & \cdots & a & b\\ 0 & 0 & 0 & \cdots & 0 & a\end{vmatrix}_{(n-1阶)} +(-1)^{n+1}b\begin{vmatrix} b & 0 & 0 & \cdots & 0 & 0\\ a & b & 0 & \cdots & 0 & 0\\ \vdots & \vdots & \vdots & & \vdots & \vdots\\ 0 & 0 & 0 & \cdots & b & 0\\ 0 & 0 & 0 & \cdots & a & b\end{vmatrix}_{(n-1阶)}
$$

$=a^n+(-1)^{n+1}b^n.$

例 1.16　证明范德蒙德(Vandermonde)行列式

$$
D_n=\begin{vmatrix} 1 & 1 & \cdots & 1\\ x_1 & x_2 & \cdots & x_n\\ x_1^2 & x_2^2 & \cdots & x_n^2\\ \vdots & \vdots & & \vdots\\ x_1^{n-1} & x_2^{n-1} & \cdots & x_n^{n-1}\end{vmatrix} = \prod_{1\leqslant i<j\leqslant n}(x_j-x_i). \tag{1.7}
$$

证　用数学归纳法证明.

(1) 当 $n=2$ 时,(1.7)式显然成立;

(2) 假设 $n-1$ 阶时(1.7)式成立;

(3) 现在证明 n 阶时(1.7)式也成立.

从第 n 行开始,后行减去前行的 x_1 倍,有

$$D_n=\begin{vmatrix}1 & 1 & \cdots & 1\\ 0 & x_2-x_1 & \cdots & x_n-x_1\\ 0 & x_2(x_2-x_1) & \cdots & x_n(x_n-x_1)\\ \vdots & \vdots & & \vdots\\ 0 & x_2^{n-2}(x_2-x_1) & \cdots & x_n^{n-2}(x_n-x_1)\end{vmatrix}, \tag{1.8}$$

将(1.8)式按第一列展开,并把每列的公因式 $x_i-x_1(i=2,\cdots,n)$提出,有

$$\begin{aligned}D_n&=(x_2-x_1)\cdots(x_n-x_1)\begin{vmatrix}1 & 1 & \cdots & 1\\ x_2 & x_3 & \cdots & x_n\\ \vdots & \vdots & & \vdots\\ x_2^{n-2} & x_3^{n-2} & \cdots & x_n^{n-2}\end{vmatrix}_{(n-1\text{阶})}\\ &=(x_2-x_1)\cdots(x_n-x_1)\prod_{2\leqslant i<j\leqslant n}(x_j-x_i)\\ &=\prod_{1\leqslant i<j\leqslant n}(x_j-x_i).\end{aligned}$$

推论 1.5 行列式 $D=\det(a_{ij})$的某一行(列)的元素与另一行(列)的对应元素的代数余子式乘积之和为零,即

$$a_{i1}A_{j1}+a_{i2}A_{j2}+\cdots+a_{in}A_{jn}=0,\quad i\neq j,$$

或

$$a_{1i}A_{1j}+a_{2i}A_{2j}+\cdots+a_{ni}A_{nj}=0,\quad i\neq j.$$

证 将行列式 D 按第 j 行展开,有

$$\sum_{k=1}^{n}a_{jk}A_{jk}=\begin{vmatrix}a_{11} & \cdots & a_{1n}\\ \vdots & & \vdots\\ a_{i1} & \cdots & a_{in}\\ \vdots & & \vdots\\ a_{j1} & \cdots & a_{jn}\\ \vdots & & \vdots\\ a_{n1} & \cdots & a_{nn}\end{vmatrix}, \tag{1.9}$$

在(1.9)式中,令 $a_{jk}=a_{ik}$,则有

$$\sum_{k=1}^{n}a_{ik}A_{jk}=\begin{vmatrix}a_{11} & \cdots & a_{1n}\\ \vdots & & \vdots\\ a_{i1} & \cdots & a_{in}\\ \vdots & & \vdots\\ a_{i1} & \cdots & a_{in}\\ \vdots & & \vdots\\ a_{n1} & \cdots & a_{nn}\end{vmatrix}, \tag{1.10}$$

当 $i\neq j$ 时，(1.10)式右端行列式有两行对应元素相等，故行列式的值为0，所以

$$a_{i1}A_{j1}+a_{i2}A_{j2}+\cdots+a_{in}A_{jn}=0,\quad i\neq j.$$

综合定理1.2及推论1.5，可得(沿用其中记号)

$$\sum_{k=1}^{n}a_{ik}A_{jk}=\begin{cases}D, & i=j,\\ 0, & i\neq j.\end{cases}$$

虽然灵活地运用展开法则可以简化运算，但对有些特例，用升阶法(增加行列式的行数和列数来提高行列式阶数)反而更简单些.

例1.17 计算

$$D_n=\begin{vmatrix}1+a_1 & 1 & \cdots & 1\\ 1 & 1+a_2 & \cdots & 1\\ \vdots & \vdots & & \vdots\\ 1 & 1 & \cdots & 1+a_n\end{vmatrix},\quad a_1\cdots a_n\neq 0.$$

解 将 D_n 按下面的方式增加一行、一列，其值不变，亦即

$$D_n=\begin{vmatrix}1 & 1 & 1 & \cdots & 1\\ 0 & 1+a_1 & 1 & \cdots & 1\\ 0 & 1 & 1+a_2 & \cdots & 1\\ \vdots & \vdots & \vdots & & \vdots\\ 0 & 1 & 1 & \cdots & 1+a_n\end{vmatrix}$$

$$\xlongequal{r_2-r_1,\cdots,r_{n+1}-r_1}\begin{vmatrix}1 & 1 & 1 & \cdots & 1\\ -1 & a_1 & 0 & \cdots & 0\\ -1 & 0 & a_2 & \cdots & 0\\ \vdots & \vdots & \vdots & & \vdots\\ -1 & 0 & 0 & \cdots & a_n\end{vmatrix}$$

$$\xlongequal{c_1+\frac{1}{a_1}c_2+\cdots+\frac{1}{a_n}c_{n+1}}\begin{vmatrix}1+\frac{1}{a_1}+\cdots+\frac{1}{a_n} & 1 & 1 & \cdots & 1\\ 0 & a_1 & 0 & \cdots & 0\\ 0 & 0 & a_2 & \cdots & 0\\ \vdots & \vdots & \vdots & & \vdots\\ 0 & 0 & 0 & \cdots & a_n\end{vmatrix}$$

$$=a_1\cdots a_n\left(1+\frac{1}{a_1}+\cdots+\frac{1}{a_n}\right).$$

1.5.3* 拉普拉斯展开定理

本节将行列式按行(列)展开法则进行推广.

定义 1.8 在 n 阶行列式

$$D=\begin{vmatrix} a_{11} & a_{12} & \cdots & a_{1n} \\ a_{21} & a_{22} & \cdots & a_{2n} \\ \vdots & \vdots & & \vdots \\ a_{n1} & a_{n2} & \cdots & a_{nn} \end{vmatrix}$$

中任选 r 行($1\leqslant i_1<i_2<\cdots<i_r\leqslant n$)、$r$ 列($1\leqslant j_1<j_2<\cdots<j_r\leqslant n$),$1\leqslant r\leqslant n$,由这 r 行、r 列的交点上的 r^2 个元素按原顺序排成的 r 阶行列式

$$\begin{vmatrix} a_{i_1j_1} & a_{i_1j_2} & \cdots & a_{i_1j_r} \\ a_{i_2j_1} & a_{i_2j_2} & \cdots & a_{i_2j_r} \\ \vdots & \vdots & & \vdots \\ a_{i_rj_1} & a_{i_rj_2} & \cdots & a_{i_rj_r} \end{vmatrix}$$

称为行列式 D 的一个 r 阶子行列式,记为 $a_{j_1,\cdots,j_r}^{i_1,\cdots,i_r}$. 将行列式 D 中的第 $i_1,i_2,\cdots,i_r$ 行及第 $j_1,j_2,\cdots,j_r$ 列去掉,余下的行与列按原顺序排成的 $n-r$ 阶行列式称为 $a_{j_1,\cdots,j_r}^{i_1,\cdots,i_r}$ 的余子式,记为 $M_{j_1,\cdots,j_r}^{i_1,\cdots,i_r}$; $(-1)^{i_1+\cdots+i_r+j_1+\cdots+j_r}M_{j_1,\cdots,j_r}^{i_1,\cdots,i_r}$ 称为 $a_{j_1,\cdots,j_r}^{i_1,\cdots,i_r}$ 的代数余子式,记为 $A_{j_1,\cdots,j_r}^{i_1,\cdots,i_r}$.

例如在四阶行列式

$$D=\begin{vmatrix} a_{11} & a_{12} & a_{13} & a_{14} \\ a_{21} & a_{22} & a_{23} & a_{24} \\ a_{31} & a_{32} & a_{33} & a_{34} \\ a_{41} & a_{42} & a_{43} & a_{44} \end{vmatrix}$$

中选定第 1,2 行和第 2,3 列,由此构成的二阶子行列式为

$$a_{2,3}^{1,2}=\begin{vmatrix} a_{12} & a_{13} \\ a_{22} & a_{23} \end{vmatrix}=\sum_{p_1p_2}(-1)^{t(p_1p_2)}a_{1p_1}a_{2p_2},$$

这里的 p_1p_2 是数 2,3 的排列. $a_{2,3}^{1,2}$ 的余子式、代数余子式分别为

$$M_{2,3}^{1,2}=\begin{vmatrix} a_{31} & a_{34} \\ a_{41} & a_{44} \end{vmatrix}=\sum_{p_3p_4}(-1)^{t(p_3p_4)}a_{3p_3}a_{4p_4},$$

$$A_{2,3}^{1,2}=(-1)^{1+2+2+3}M_{2,3}^{1,2}=M_{2,3}^{1,2},$$

这里的 p_3p_4 为数 1,4 的排列.

定理 1.3 在 n 阶行列式中选定 r 行,再在这 r 行中任选 r 列,构成一个 r 阶子行列式,这样的子行列式共有 C_n^r 个,这 C_n^r 个子行列式分别与它们的代数余子式的积之和等于原 n 阶行列式的值.

这个定理称为**拉普拉斯**(Laplace)**定理**,它是行列式按行(列)展开法则的推广.

例 1.18　计算

$$D=\begin{vmatrix}2&1&0&0&0\\1&2&1&0&0\\0&1&2&1&0\\0&0&1&2&1\\0&0&0&1&2\end{vmatrix}.$$

解　按前 2 行展开，前 2 行共有 $C_5^2=10$ 个二阶子行列式，但其中不为 0 的只有 3 个：

$$\begin{vmatrix}2&1\\1&2\end{vmatrix},\quad\begin{vmatrix}2&0\\1&1\end{vmatrix},\quad\begin{vmatrix}1&0\\2&1\end{vmatrix},$$

由拉普拉斯展开定理，有

$$\begin{aligned}D=&(-1)^{1+2+1+2}\begin{vmatrix}2&1\\1&2\end{vmatrix}\begin{vmatrix}2&1&0\\1&2&1\\0&1&2\end{vmatrix}+(-1)^{1+2+1+3}\begin{vmatrix}2&0\\1&1\end{vmatrix}\begin{vmatrix}1&1&0\\0&2&1\\0&1&2\end{vmatrix}\\&+(-1)^{1+2+2+3}\begin{vmatrix}1&0\\2&1\end{vmatrix}\begin{vmatrix}0&1&0\\0&2&1\\0&1&2\end{vmatrix}\\=&3\times4-2\times3\\=&6.\end{aligned}$$

作为拉普拉斯定理的特例，有

$$D=\begin{vmatrix}a_{11}&\cdots&a_{1k}&&&\\\vdots&&\vdots&&&\\a_{k1}&\cdots&a_{kk}&&&\\&&&b_{11}&\cdots&b_{1m}\\&&&\vdots&&\vdots\\&&&b_{m1}&\cdots&b_{mm}\end{vmatrix}=\begin{vmatrix}a_{11}&\cdots&a_{1k}\\\vdots&&\vdots\\a_{k1}&\cdots&a_{kk}\end{vmatrix}\begin{vmatrix}b_{11}&\cdots&b_{1m}\\\vdots&&\vdots\\b_{m1}&\cdots&b_{mm}\end{vmatrix},$$

$$D=\begin{vmatrix}a_{11}&\cdots&a_{1k}&&&\\\vdots&&\vdots&&&\\a_{k1}&\cdots&a_{kk}&&&\\&&&b_{11}&\cdots&b_{1m}\\&D_1&&\vdots&&\vdots\\&&&b_{m1}&\cdots&b_{mm}\end{vmatrix}=\begin{vmatrix}a_{11}&\cdots&a_{1k}\\\vdots&&\vdots\\a_{k1}&\cdots&a_{kk}\end{vmatrix}\begin{vmatrix}b_{11}&\cdots&b_{1m}\\\vdots&&\vdots\\b_{m1}&\cdots&b_{mm}\end{vmatrix},\tag{1.11}$$

$$D=\begin{vmatrix} & & & a_{11} & \cdots & a_{1k} \\ & & & \vdots & & \vdots \\ & & & a_{k1} & \cdots & a_{kk} \\ b_{11} & \cdots & b_{1m} & & & \\ \vdots & & \vdots & & & \\ b_{m1} & \cdots & b_{mm} & & & \end{vmatrix}=(-1)^{km}\begin{vmatrix} a_{11} & \cdots & a_{1k} \\ \vdots & & \vdots \\ a_{k1} & \cdots & a_{kk} \end{vmatrix}\begin{vmatrix} b_{11} & \cdots & b_{1m} \\ \vdots & & \vdots \\ b_{m1} & \cdots & b_{mm} \end{vmatrix}. \tag{1.12}$$

1.6 克莱姆法则

在 1.3 节中介绍二阶行列式时,我们得到了以下结论:

$$x_1=\frac{D_1}{D},\quad x_2=\frac{D_2}{D}.$$

本节要将这一结论推广,得到 n 阶线性方程组的求解方法.

定理 1.4(克莱姆(Cramer)法则) 设线性方程组

$$\begin{cases} a_{11}x_1+a_{12}x_2+\cdots+a_{1n}x_n=b_1, \\ \qquad\qquad\vdots \\ a_{n1}x_1+a_{n2}x_2+\cdots+a_{nn}x_n=b_n \end{cases} \tag{1.13}$$

的系数行列式

$$D=\begin{vmatrix} a_{11} & a_{12} & \cdots & a_{1n} \\ a_{21} & a_{22} & \cdots & a_{2n} \\ \vdots & \vdots & & \vdots \\ a_{n1} & a_{n2} & \cdots & a_{nn} \end{vmatrix}\neq 0,$$

则方程组(1.13)有惟一解

$$x_j=\frac{D_j}{D},\quad j=1,2,\cdots,n,$$

其中 $D_j(j=1,2,\cdots,n)$是用常数项 $b_1,b_2,\cdots,b_n$ 替换 D 中的第 j 列所得到的行列式,即

$$D_j=\begin{vmatrix} a_{11} & \cdots & a_{1,j-1} & b_1 & a_{1,j+1} & \cdots & a_{1n} \\ \vdots & & \vdots & \vdots & \vdots & & \vdots \\ a_{n1} & \cdots & a_{n,j-1} & b_n & a_{n,j+1} & \cdots & a_{nn} \end{vmatrix}.$$

证 先证 $x_j=\dfrac{D_j}{D}$是方程组(1.13)的解.假设两行对应元素相等的 $n+1$ 行列式为

$$A=\begin{vmatrix} b_i & a_{i1} & \cdots & a_{in} \\ b_1 & a_{11} & \cdots & a_{1n} \\ \vdots & \vdots & & \vdots \\ b_i & a_{i1} & \cdots & a_{in} \\ \vdots & \vdots & & \vdots \\ b_n & a_{n1} & \cdots & a_{nn} \end{vmatrix}, \quad i=1,2,\cdots,n.$$

显然行列式 A 的值为 0. 将 A 按第一行展开，由于第一行中 $a_{ij}(j=1,2,\cdots,n)$ 的代数余子式为

$$(-1)^{1+(j+1)}\begin{vmatrix} b_1 & a_{11} & \cdots & a_{1,j-1} & a_{1,j+1} & \cdots & a_{1n} \\ \vdots & \vdots & & \vdots & \vdots & & \vdots \\ b_n & a_{n1} & \cdots & a_{n,j-1} & a_{n,j+1} & \cdots & a_{nn} \end{vmatrix}$$

$$=(-1)^{1+(j+1)+(j-1)}\begin{vmatrix} a_{11} & \cdots & a_{1,j-1} & b_1 & a_{1,j+1} & \cdots & a_{1n} \\ \vdots & & \vdots & \vdots & \vdots & & \vdots \\ a_{n1} & \cdots & a_{n,j-1} & b_n & a_{n,j-1} & \cdots & a_{nn} \end{vmatrix}$$

$$=(-1)^{2j+1}D_j$$

$$=-D_j,$$

于是

$$A=b_iD-a_{i1}D_1-\cdots-a_{in}D_n=0,$$

亦即

$$a_{i1}D_1+\cdots+a_{in}D_n=b_iD,$$

当 $D\neq 0$ 时，有

$$a_{i1}\frac{D_1}{D}+\cdots+a_{in}\frac{D_n}{D}=b_i, \quad i=1,2,\cdots,n,$$

所以 $x_j=\dfrac{D_j}{D}$ 是方程组的解.

再证惟一性. 假设方程组(1.13)还有另一组解 $c_j(j=1,2,\cdots,n)$. 现在来证明 $c_j=\dfrac{D_j}{D}$.

将 $c_j(j=1,2,\cdots,n)$ 代入方程组，有

$$\begin{cases} a_{11}c_1+\cdots+a_{1n}c_n=b_1, \\ \qquad\vdots \\ a_{n1}c_1+\cdots+a_{nn}c_n=b_n, \end{cases} \tag{1.14}$$

用系数行列式 D 第 1 列的元素的代数余子式 $A_{11},\cdots,A_{n1}$ 依次乘方程组(1.14)的 n 个方程，可得

$$\begin{cases} a_{11}c_1A_{11}+\cdots+a_{1n}c_nA_{11}=b_1A_{11}, \\ \qquad\vdots \\ a_{n1}c_1A_{n1}+\cdots+a_{nn}c_nA_{n1}=b_nA_{n1}, \end{cases} \tag{1.15}$$

将方程组(1.15)的各个方程相加,得

$$(a_{11}A_{11}+\cdots+a_{n1}A_{n1})c_1+\cdots+(a_{1n}A_{11}+\cdots+a_{nn}A_{n1})c_n=b_1A_{11}+\cdots+b_nA_{n1},$$

其中 c_1 的系数为系数行列式 D,而其余的 c_i 的系数均为 0,等式右端为 D_1,所以

$$(a_{11}A_{11}+\cdots+a_{n1}A_{n1})c_1=D_1,$$

亦即 $c_1=\dfrac{D_1}{D}$. 同理可证其他情形.

克莱姆法则有重要的理论价值,但在应用时应注意以下条件:

(1) 方程个数与未知数个数相等;

(2) 系数行列式不为 0.

例 1.19 求解线性方程组

$$\begin{cases} x_1+x_2+x_3+x_4=1, \\ x_1+2x_2+3x_3+4x_4=1, \\ x_1+4x_2+9x_3+16x_4=1, \\ x_1+8x_2+27x_3+64x_4=1. \end{cases}$$

解 这个方程组的方程个数与未知量个数相等,且有

$$D=\begin{vmatrix} 1 & 1 & 1 & 1 \\ 1 & 2 & 3 & 4 \\ 1 & 4 & 9 & 16 \\ 1 & 8 & 27 & 64 \end{vmatrix}=12\neq 0,$$

所以可以用克莱姆法则求解. 计算得到

$$D_1=\begin{vmatrix} 1 & 1 & 1 & 1 \\ 1 & 2 & 3 & 4 \\ 1 & 4 & 9 & 16 \\ 1 & 8 & 27 & 64 \end{vmatrix}=12,\quad D_2=D_3=D_4=0,$$

所以 $x_1=1, x_2=x_3=x_4=0$.

例 1.20 求解方程组

$$\begin{cases} ax_1+bx_4=1, \\ ax_2+bx_3=1, \\ bx_2+ax_3=1, \\ bx_1+ax_4=1, \end{cases} \quad a^2\neq b^2.$$

解 这个方程组的方程个数与未知量个数相等,且有

$$D=\begin{vmatrix} a & & & b \\ & a & b & \\ & b & a & \\ b & & & a \end{vmatrix}=(a^2-b^2)^2\neq 0,$$

所以可以用克莱姆法则求解. 按第 2,3 列拉普拉斯展开,计算得到

$$D_1=\begin{vmatrix} 1 & & & b \\ 1 & a & b & \\ 1 & b & a & \\ 1 & & & a \end{vmatrix}=\begin{vmatrix} a & b \\ b & a \end{vmatrix}\begin{vmatrix} 1 & b \\ 1 & a \end{vmatrix}=(a+b)(a-b)^2,$$

同理有 $D_2=D_3=D_4=(a+b)(a-b)^2$,所以

$$x_i=\frac{1}{a+b},\quad i=1,2,3,4.$$

在方程组(1.13)中,如果常数项 $b_1,b_2,\cdots,b_n$ 不全为 0,则称为**非齐次线性方程组**;如果 $b_1,b_2,\cdots,b_n$ 全为 0,则称为**齐次线性方程组**.

定理 1.5 如果齐次线性方程组

$$\begin{cases} a_{11}x_1+\cdots+a_{1n}x_n=0, \\ \qquad\vdots \\ a_{n1}x_1+\cdots+a_{nn}x_n=0 \end{cases}$$

的系数行列式不为零,则方程组只有零解.

推论 1.6 齐次线性方程组有非零解的充要条件为系数行列式为零.

推论 1.6 的必要性显然成立,后文中定理 4.1 将说明其充分性也是成立的.

例 1.21 试问 k 为何值时,方程组

$$\begin{cases} x_1+x_2+kx_3=0, \\ -x_1+kx_2+x_3=0, \\ x_1-x_2+2x_3=0 \end{cases}$$

有非零解.

解 由推论 1.6 可知,方程组有非零解,其系数行列式必为 0,即

$$\begin{vmatrix} 1 & 1 & k \\ -1 & k & 1 \\ 1 & -1 & 2 \end{vmatrix}=(4-k)(1+k)=0,$$

所以 $k=-1,4$.

例 1.22 求平面上过不同的两点(x_1,y_1),(x_2,y_2)的直线方程(要求用行列式表示).

解 设直线方程为 L: $ax+by+c=0$. 由于 L 通过(x_2,y_2),(x_2,y_2),所以有方程组

$$\begin{cases} ax+by+c=0, \\ ax_1+by_1+c=0, \\ ax_2+by_2+c=0. \end{cases}$$

又由于两点定线，即 a,b,c 不能同时为 0，亦即方程组有非零解 a,b,c，则由推论 1.6 知其系数行列式等于 0，即

$$\begin{vmatrix} x & y & 1 \\ x_1 & y_1 & 1 \\ x_2 & y_2 & 1 \end{vmatrix} = 0,$$

此即所求的直线方程.

习题一

1. 求下列各排列的逆序数：

(1) 4275163；　　(2) $13\cdots(2n-1)24\cdots(2n)$.

2. 设 $D=\begin{vmatrix} 2 & 1 & 2 \\ 0 & 4 & 1 \\ 3 & -1 & 1 \end{vmatrix}$，求第一列各元素的余子式与代数余子式.

3. 已知四阶行列式 D 的第三列元素分别为 $1,3,-2,2$，它们的余子式的值分别为 $3,-2,1,1$，求行列式 D 的值.

4. 设 $D=\begin{vmatrix} 2 & 1 & 0 \\ 1 & 1 & -1 \\ -1 & 1 & 0 \end{vmatrix}$，求 $A_{12}+A_{22}+A_{32}$ 与 $3A_{12}+2A_{22}-A_{32}$.

5. 用对角线法则计算下列各行列式：

(1) $\begin{vmatrix} 2 & 3 \\ 4 & 5 \end{vmatrix}$；　(2) $\begin{vmatrix} 0 & 1 & 1 \\ 1 & 0 & 1 \\ 1 & 1 & 0 \end{vmatrix}$；　(3) $\begin{vmatrix} 2 & 2 & 0 \\ 3 & 1 & 0 \\ 1 & 3 & 2 \end{vmatrix}$.

6. 计算下列各行列式：

(1) $\begin{vmatrix} 0 & 1 & 0 & 0 \\ 0 & 0 & 2 & 0 \\ 4 & 0 & 0 & 0 \\ 0 & 0 & 0 & 3 \end{vmatrix}$；　(2) $\begin{vmatrix} 2 & 1 & 4 & -1 \\ 3 & -1 & 2 & -1 \\ 1 & 2 & 3 & -2 \\ 5 & 0 & 6 & -2 \end{vmatrix}$；

(3) $\begin{vmatrix} 1 & 2 & 3 & 4 \\ 2 & 3 & 4 & 1 \\ 3 & 4 & 1 & 2 \\ 4 & 1 & 2 & 3 \end{vmatrix}$；　(4) $\begin{vmatrix} 1 & 2 & 0 & 0 \\ 3 & 4 & 0 & 0 \\ 3 & 4 & -1 & 3 \\ 4 & 1 & 5 & 1 \end{vmatrix}$；

(5) $\begin{vmatrix} 0 & b & 0 & -b \\ b & 0 & -b & 0 \\ a & 0 & a & b \\ 0 & a & b & a \end{vmatrix}$；

(6) $\begin{vmatrix} 1+x & 1 & 1 & 1 \\ 1 & 1-x & 1 & 1 \\ 1 & 1 & 1+y & 1 \\ 1 & 1 & 1 & 1-y \end{vmatrix}$；

(7) $\begin{vmatrix} 1 & 4 & 16 & 64 \\ 1 & 3 & 9 & 27 \\ 1 & 2 & 4 & 8 \\ 1 & -5 & 25 & -125 \end{vmatrix}$；

(8) $D_n=\begin{vmatrix} x & 1 & \cdots & 1 \\ 1 & x & \cdots & 1 \\ \vdots & \vdots & & \vdots \\ 1 & 1 & \cdots & x \end{vmatrix}$；

(9) $D_n=\begin{vmatrix} 2 & 1 & 0 & \cdots & 0 & 0 \\ 1 & 2 & 1 & \cdots & 0 & 0 \\ 0 & 1 & 2 & \cdots & 0 & 0 \\ \vdots & \vdots & \vdots & & \vdots & \vdots \\ 0 & 0 & 0 & \cdots & 2 & 1 \\ 0 & 0 & 0 & \cdots & 1 & 2 \end{vmatrix}$；

(10) $D_{n+1}=\begin{vmatrix} a^n & (a-1)^n & \cdots & (a-n)^n \\ a^{n-1} & (a-1)^{n-1} & \cdots & (a-n)^{n-1} \\ \vdots & \vdots & & \vdots \\ a & a-1 & \cdots & a-n \\ 1 & 1 & \cdots & 1 \end{vmatrix}$.

7. 求方程 $D(x)=0$ 的根,其中

$$D(x)=\begin{vmatrix} x-1 & x-2 & x-1 & x \\ x-2 & x-4 & x-2 & x \\ x-3 & x-6 & x-4 & x-1 \\ x-4 & x-8 & 2x-5 & x-2 \end{vmatrix}.$$

8. 证明：

(1) $\begin{vmatrix} a^2 & ab & b^2 \\ 2a & a+b & 2b \\ 1 & 1 & 1 \end{vmatrix}=(a-b)^3$；

(2) $\begin{vmatrix} a & b & c & 1 \\ b & c & a & 1 \\ c & a & b & 1 \\ \frac{b+c}{2} & \frac{c+a}{2} & \frac{a+b}{2} & 1 \end{vmatrix}=0$；

(3) $\begin{vmatrix} a^2 & (a+1)^2 & (a+2)^2 & (a+3)^2 \\ b^2 & (b+1)^2 & (b+2)^2 & (b+3)^2 \\ c^2 & (c+1)^2 & (c+2)^2 & (c+3)^2 \\ d^2 & (d+1)^2 & (d+2)^2 & (d+3)^2 \end{vmatrix}=0$；

(4) $\begin{vmatrix} x & -1 & 0 & \cdots & 0 & 0 \\ 0 & x & -1 & \cdots & 0 & 0 \\ \vdots & \vdots & \vdots & & \vdots & \vdots \\ 0 & 0 & 0 & \cdots & x & -1 \\ a_n & a_{n-1} & a_{n-2} & \cdots & a_2 & x+a_1 \end{vmatrix}$

$=x^n+a_1x^{n-1}+a_2x^{n-2}+\cdots+a_{n-1}x+a_n.$

9. 用克莱姆法则求解下列线性方程组:

(1) $\begin{cases} x_1-2x_2+x_3=1, \\ 2x_1+x_2-x_3=1, \\ x_1-3x_2-4x_3=-10; \end{cases}$

(2) $\begin{cases} 2x_1+2x_2-x_3+x_4=4, \\ 4x_1+3x_2-x_3+2x_4=6, \\ 8x_1+5x_2-3x_3+4x_4=12, \\ 3x_1+3x_2-2x_3+2x_4=6. \end{cases}$

10. 问 λ 和 μ 取何值时,齐次线性方程组

$$\begin{cases} \lambda x_1+x_2+x_3=0, \\ x_1+x_2+x_3=0, \\ x_1+x_2+\mu x_3=0 \end{cases}$$

有非零解?

11. 求三次多项式 $f(x)=a_0+a_1x+a_2x^2+a_3x^3$,使得

$$f(-1)=f(1)=f(2)=6,\quad f(-2)=-6.$$

12*. 用拉普拉斯定理计算行列式

$$D=\begin{vmatrix} 1 & 1 & 1 & 0 & 0 \\ 1 & 2 & 3 & 0 & 0 \\ 0 & 1 & 1 & 1 & 1 \\ 0 & a & b & c & d \\ 0 & a^2 & b^2 & c^2 & d^2 \end{vmatrix}.$$

第 2 章

矩　　阵

矩阵在现实生活中有着极其广泛的应用，许多问题都可以归纳为与矩阵运算相关的问题并加以解决. 本章主要介绍矩阵的概念及其基本运算，并讨论矩阵的基本性质.

2.1　矩阵及其基本运算

例 2.1　用高斯消元法求解方程组

$$\begin{cases} x_1 - x_2 = 1, \\ 2x_1 - x_2 + 2x_3 = 2, \\ x_1 + x_2 + x_3 = 1. \end{cases} \tag{2.1}$$

解　将方程组(2.1)的第 1 个方程分别乘以 −2，−1 后加到第 2，3 个方程中，得

$$\begin{cases} x_1 - x_2 = 1, \\ x_2 + 2x_3 = 0, \\ 2x_2 + x_3 = 0, \end{cases} \tag{2.2}$$

再将方程组(2.2)的第 2 个方程乘以 −2 加到第 3 个方程，得

$$\begin{cases} x_1 - x_2 = 1, \\ x_2 + 2x_3 = 0, \\ -3x_3 = 0, \end{cases} \tag{2.3}$$

将 $x_3=0$ 代入方程组(2.3)的前两个方程可得 $x_1=1, x_2=0$，此即为方程组(2.1)的解.

从例 2.1 的解题过程可以看出，用高斯消元法解方程组时，只需对未知量的系数和常数项进行运算，未知量并未参加运算. 因此，我们可以把方程组的未知量的系数与常数项取出来构成一个矩形数表，即线性方程组

$$\begin{cases} a_{11}x_1 + a_{12}x_2 + \cdots + a_{1n}x_n = b_1, \\ a_{21}x_1 + a_{22}x_2 + \cdots + a_{2n}x_n = b_2, \\ \qquad \vdots \\ a_{m1}x_1 + a_{m2}x_2 + \cdots + a_{mn}x_n = b_m, \end{cases}$$

可以用数表

$$\left(\begin{array}{cccc:c} a_{11} & a_{12} & \cdots & a_{1n} & b_1 \\ a_{21} & a_{22} & \cdots & a_{2n} & b_2 \\ \vdots & \vdots & & \vdots & \\ a_{m1} & a_{m2} & \cdots & a_{mn} & b_m \end{array}\right)$$

来表示,其中 a_{ij} 表示第 i 个方程中第 j 个未知量的系数.

2.1.1 矩阵的定义

定义 2.1 由 $m \times n$ 个数 a_{ij} $(i=1,2,\cdots,m;\ j=1,2,\cdots,n)$ 排成的 m 行 n 列的数表

$$\boldsymbol{A} = \begin{pmatrix} a_{11} & a_{12} & \cdots & a_{1n} \\ a_{21} & a_{22} & \cdots & a_{2n} \\ \vdots & \vdots & & \vdots \\ a_{m1} & a_{m2} & \cdots & a_{mn} \end{pmatrix}$$

称为 m 行 n 列矩阵,简称为 $m \times n$ 矩阵,记为 $\boldsymbol{A}=(a_{ij})_{m \times n}$, a_{ij} 称为矩阵 $\boldsymbol{A}$ 的第 i 行、第 j 列的元素.特别地,当 $m=n$ 时,称为(n 阶)方阵.

只有一行的矩阵 $(a_1 \quad a_2 \quad \cdots \quad a_n)$ 称为**行矩阵**. 为避免元素间的混淆,通常将行矩阵记为 $(a_1, a_2, \cdots, a_n)$.

只有一列的矩阵 $\begin{pmatrix} b_1 \\ b_2 \\ \vdots \\ b_m \end{pmatrix}$ 称为**列矩阵**.

行数与列数相等的矩阵称为**方阵**. 方阵左上角到右下角的连线称为**主对角线**,右上角到左下角的连线称为**副对角线**. 以下是几种常见的特殊方阵:

1. 三角矩阵

方阵 $\begin{pmatrix} a_{11} & \cdots & a_{1n} \\ & \ddots & \vdots \\ & & a_{nn} \end{pmatrix}$ 称为**上三角矩阵**,其特点是当 $i>j$ 时, $a_{ij}=0$ $(i,j=1,2,\cdots,n)$,即主对角线以下的元素全为 0.

方阵 $\begin{pmatrix} a_{11} & & \\ \vdots & \ddots & \\ a_{n1} & \cdots & a_{nn} \end{pmatrix}$ 称为**下三角矩阵**,其特点是当 $i<j$ 时, $a_{ij}=0$ $(i,j=1,2,\cdots,$

n)，即主对角线以上的元素全为 0.

上三角矩阵和下三角矩阵统称为**三角矩阵**.

2. 对角矩阵

方阵 $\begin{pmatrix} a_{11} & & & \\ & a_{22} & & \\ & & \ddots & \\ & & & a_{nn} \end{pmatrix}$ 称为**对角矩阵**，其特点是当 $i \neq j$ 时，$a_{ij}=0(i,j=1,2,\cdots,n)$，即主对角线以外的元素全为 0. 对角矩阵也记为 $\mathrm{diag}(a_{11},a_{22},\cdots,a_{nn})$.

3. 单位矩阵

对角矩阵 $\begin{pmatrix} 1 & & & \\ & 1 & & \\ & & \ddots & \\ & & & 1 \end{pmatrix}$ 称为**单位矩阵**，记为 $\boldsymbol{E}$.

4. 数量矩阵

对角矩阵 $\begin{pmatrix} k & & & \\ & k & & \\ & & \ddots & \\ & & & k \end{pmatrix}$ 称为**数量矩阵**，记为 $k\boldsymbol{E}$.

行数、列数分别对应相等的两个矩阵称为**同型矩阵**. 元素都是零的矩阵称为**零矩阵**，记为 $\boldsymbol{O}$.

定义 2.2　如果 $\boldsymbol{A}=(a_{ij})_{m\times n}$，$\boldsymbol{B}=(b_{ij})_{m\times n}$，且 $a_{ij}=b_{ij}(i=1,2,\cdots,m;\ j=1,2,\cdots,n)$，则称 $\boldsymbol{A}$ 与 $\boldsymbol{B}$ 相等，记为 $\boldsymbol{A}=\boldsymbol{B}$.

不同型的矩阵不相等.

2.1.2　矩阵的运算

1. 加法

定义 2.3　设 $\boldsymbol{A}=(a_{ij})_{m\times n}$，$\boldsymbol{B}=(b_{ij})_{m\times n}$，矩阵 $\boldsymbol{C}=(a_{ij}+b_{ij})_{m\times n}$ 称为矩阵 $\boldsymbol{A}$ 与 $\boldsymbol{B}$ 的和，记为 $\boldsymbol{C}=\boldsymbol{A}+\boldsymbol{B}$.

不同型的矩阵不能相加.

加法满足以下的运算法则(设 $\boldsymbol{A},\boldsymbol{B},\boldsymbol{C}$ 为同型矩阵)：

(1) **交换律**　$\boldsymbol{A}+\boldsymbol{B}=\boldsymbol{B}+\boldsymbol{A}$；

(2) **结合律**　$(\boldsymbol{A}+\boldsymbol{B})+\boldsymbol{C}=\boldsymbol{A}+(\boldsymbol{B}+\boldsymbol{C})$.

例 2.2　设 $\boldsymbol{A}=\begin{pmatrix} a_{11} & \cdots & a_{1n} \\ \vdots & & \vdots \\ a_{m1} & \cdots & a_{mn} \end{pmatrix}$，$\boldsymbol{B}=\begin{pmatrix} -a_{11} & \cdots & -a_{1n} \\ \vdots & & \vdots \\ -a_{m1} & \cdots & -a_{mn} \end{pmatrix}$，求 $\boldsymbol{A}+\boldsymbol{B}$.

解 $\boldsymbol{A}+\boldsymbol{B}=\boldsymbol{O}_{m\times n}$.

在这里,矩阵 $\boldsymbol{B}$ 的元素是 $\boldsymbol{A}$ 的相应元素的相反数. 我们把矩阵 $\boldsymbol{B}$ 称为 $\boldsymbol{A}$ 的**负矩阵**,记为 $\boldsymbol{B}=-\boldsymbol{A}=(-a_{ij})_{m\times n}$. 有了负矩阵的概念之后,可以有矩阵差的定义.

定义 2.4 设 $\boldsymbol{A}=(a_{ij})_{m\times n}$,$\boldsymbol{B}=(b_{ij})_{m\times n}$,则 $\boldsymbol{C}=(a_{ij}-b_{ij})_{m\times n}$ 称为矩阵 $\boldsymbol{A}$ 与 $\boldsymbol{B}$ 的差,记为 $\boldsymbol{C}=\boldsymbol{A}-\boldsymbol{B}$.

事实上,$\boldsymbol{C}=\boldsymbol{A}-\boldsymbol{B}=\boldsymbol{A}+(-\boldsymbol{B})$.

例 2.3 求矩阵 $\boldsymbol{X}$,使 $\begin{pmatrix}2&1&1\\3&1&2\\-1&0&1\end{pmatrix}+\boldsymbol{X}=\begin{pmatrix}1&2&3\\4&5&6\\-1&0&1\end{pmatrix}$.

解 等式两端同时加上 $-\begin{pmatrix}2&1&1\\3&1&2\\-1&0&1\end{pmatrix}$,有 $\boldsymbol{X}=\begin{pmatrix}-1&1&2\\1&4&4\\0&0&0\end{pmatrix}$.

2. 数与矩阵的乘法

定义 2.5 设 $\boldsymbol{A}=(a_{ij})_{m\times n}$,$\lambda$ 为数,矩阵 $\boldsymbol{C}=(\lambda a_{ij})_{m\times n}$ 称为数 λ 与矩阵 $\boldsymbol{A}$ 的乘积,记为 $\boldsymbol{C}=\lambda\boldsymbol{A}=\boldsymbol{A}\lambda$.

数与矩阵的乘法满足以下的运算法则(设 $\boldsymbol{A}$,$\boldsymbol{B}$ 为同型矩阵,λ,μ 为数):

(1) $(\lambda\mu)\boldsymbol{A}=\lambda(\mu\boldsymbol{A})$;

(2) $(\lambda+\mu)\boldsymbol{A}=\lambda\boldsymbol{A}+\mu\boldsymbol{A}$;

(3) $\lambda(\boldsymbol{A}+\boldsymbol{B})=\lambda\boldsymbol{A}+\lambda\boldsymbol{B}$.

3. 矩阵与矩阵的乘法

定义 2.6 设 $\boldsymbol{A}=(a_{ij})_{m\times s}$,$\boldsymbol{B}=(b_{ij})_{s\times n}$,矩阵 $\boldsymbol{C}=(c_{ij})_{m\times n}$ 称为矩阵 $\boldsymbol{A}$ 与矩阵 $\boldsymbol{B}$ 的乘积,记为 $\boldsymbol{C}=\boldsymbol{AB}$,其中 $c_{ij}=a_{i1}b_{1j}+\cdots+a_{is}b_{sj}$ $(i=1,2,\cdots,m;\ j=1,2,\cdots,n)$.

在矩阵乘积的定义中,第一个矩阵(左矩阵)的列数必须与第二个矩阵(右矩阵)的行数相等,矩阵 $\boldsymbol{C}$ 的第 i 行、第 j 列的元素等于 $\boldsymbol{A}$ 的第 i 行元素与 $\boldsymbol{B}$ 的第 j 列的对应元素的乘积之和.

例 2.4 设 $\boldsymbol{A}=(1,1)$,$\boldsymbol{B}=\begin{pmatrix}1&0\\0&1\end{pmatrix}$,求 $\boldsymbol{AB}$,$\boldsymbol{BA}$.

解 直接计算得 $\boldsymbol{AB}=(1,1)$,而 $\boldsymbol{B}$ 的列数与 $\boldsymbol{A}$ 的行数不相等,故 $\boldsymbol{BA}$ 没有意义.

例 2.5 设 $\boldsymbol{A}=\begin{pmatrix}1&1\\-1&-1\end{pmatrix}$,$\boldsymbol{B}=\begin{pmatrix}1&-1\\-1&1\end{pmatrix}$,求 $\boldsymbol{AB}$,$\boldsymbol{BA}$.

解

$$\boldsymbol{AB}=\begin{pmatrix}1&1\\-1&-1\end{pmatrix}\begin{pmatrix}1&-1\\-1&1\end{pmatrix}=\begin{pmatrix}0&0\\0&0\end{pmatrix}=\boldsymbol{O},$$

$$\boldsymbol{BA}=\begin{pmatrix}1&-1\\-1&1\end{pmatrix}\begin{pmatrix}1&1\\-1&-1\end{pmatrix}=\begin{pmatrix}2&2\\-2&-2\end{pmatrix}.$$

例 2.4、例 2.5 说明以下两点：

(1) 一般情形 $\boldsymbol{AB}\neq\boldsymbol{BA}$. 若 $\boldsymbol{AB}=\boldsymbol{BA}$，则称 $\boldsymbol{A},\boldsymbol{B}$ 可交换；

(2) 一般情形由 $\boldsymbol{AB}=\boldsymbol{O}$ 不能推导出 $\boldsymbol{A}=\boldsymbol{O}$ 或 $\boldsymbol{B}=\boldsymbol{O}$.

矩阵的乘法满足以下运算法则(假设运算都是可行的，λ 为数)：

(1) **结合律** $\boldsymbol{A}(\boldsymbol{BC})=(\boldsymbol{AB})\boldsymbol{C}$；

(2) **分配律** $\boldsymbol{A}(\boldsymbol{B}+\boldsymbol{C})=\boldsymbol{AB}+\boldsymbol{AC}$，$(\boldsymbol{A}+\boldsymbol{B})\boldsymbol{C}=\boldsymbol{AC}+\boldsymbol{BC}$；

(3) $\lambda(\boldsymbol{AB})=(\lambda\boldsymbol{A})\boldsymbol{B}=\boldsymbol{A}(\lambda\boldsymbol{B})$.

定义 2.7 方阵 $\boldsymbol{A}$ 的 k 次幂为 k 个 $\boldsymbol{A}$ 的连乘积，即 $\boldsymbol{A}^k=\overbrace{\boldsymbol{A}\cdots\boldsymbol{A}}^{k\text{个}}$($k$ 为**正整数**).

注 2.1 (1) 只有方阵才能求幂；

(2) 一般地，$(\boldsymbol{AB})^k\neq\boldsymbol{A}^k\boldsymbol{B}^k$.

方阵的幂满足以下运算法则(k,l 为正整数)：

(1) $\boldsymbol{A}^k\boldsymbol{A}^l=\boldsymbol{A}^{k+l}$；

(2) $(\boldsymbol{A}^k)^l=\boldsymbol{A}^{kl}$.

例 2.6 举例说明$(\boldsymbol{AB})^k=\boldsymbol{A}^k\boldsymbol{B}^k$ 一般不成立.

解 设 $\boldsymbol{A}=(0,1)$，$\boldsymbol{B}=\begin{pmatrix}1\\0\end{pmatrix}$，则 $\boldsymbol{AB}=\boldsymbol{O}$，从而$(\boldsymbol{AB})^k=\boldsymbol{O}$，而 $\boldsymbol{A}^k$ 与 $\boldsymbol{B}^k$ 均无意义，所以$(\boldsymbol{AB})^k\neq\boldsymbol{A}^k\boldsymbol{B}^k$.

4. 矩阵的转置

定义 2.8 设 $\boldsymbol{A}=\begin{pmatrix}a_{11} & \cdots & a_{1n}\\ \vdots & & \vdots\\ a_{m1} & \cdots & a_{mn}\end{pmatrix}$，矩阵 $\begin{pmatrix}a_{11} & \cdots & a_{m1}\\ \vdots & & \vdots\\ a_{1n} & \cdots & a_{mn}\end{pmatrix}$ 称为 $\boldsymbol{A}$ 的转置矩阵，记为 $\boldsymbol{A}^{\mathrm{T}}$.

转置矩阵满足以下的运算法则(假设运算都是可行的)：

(1) $(\boldsymbol{A}^{\mathrm{T}})^{\mathrm{T}}=\boldsymbol{A}$；

(2) $(\boldsymbol{A}+\boldsymbol{B})^{\mathrm{T}}=\boldsymbol{A}^{\mathrm{T}}+\boldsymbol{B}^{\mathrm{T}}$；

(3) $(\lambda\boldsymbol{A})^{\mathrm{T}}=\lambda\boldsymbol{A}^{\mathrm{T}}$；

(4) $(\boldsymbol{AB})^{\mathrm{T}}=\boldsymbol{B}^{\mathrm{T}}\boldsymbol{A}^{\mathrm{T}}$.

证 这里只证明法则(4). 设

$$\boldsymbol{A}=\begin{pmatrix}a_{11} & \cdots & a_{1s}\\ \vdots & & \vdots\\ a_{j1} & \cdots & a_{js}\\ \vdots & & \vdots\\ a_{m1} & \cdots & a_{ms}\end{pmatrix}_{m\times s}\leftarrow\text{第 } j \text{ 行},\quad \boldsymbol{B}=\begin{pmatrix}b_{11} & \cdots & b_{1i} & \cdots & b_{1n}\\ \vdots & & \vdots & & \vdots\\ b_{s1} & \cdots & b_{si} & \cdots & b_{sn}\end{pmatrix}_{s\times n},$$

$$\uparrow\ \text{第 } i \text{ 列}$$

则

$$\boldsymbol{A}^{\mathrm{T}} = \begin{bmatrix} a_{11} & \cdots & a_{j1} & \cdots & a_{m1} \\ \vdots & & \vdots & & \vdots \\ a_{1s} & \cdots & a_{js} & \cdots & a_{ms} \end{bmatrix}_{s \times m}, \quad \boldsymbol{B}^{\mathrm{T}} = \begin{bmatrix} b_{11} & \cdots & b_{s1} \\ \vdots & & \vdots \\ b_{1i} & \cdots & b_{si} \\ \vdots & & \vdots \\ b_{1n} & \cdots & b_{sn} \end{bmatrix}_{n \times s} \leftarrow 第\ i\ 行,$$

$$\uparrow$$
第 j 列

于是 $\boldsymbol{B}^{\mathrm{T}}\boldsymbol{A}^{\mathrm{T}}$ 的第 i 行、第 j 列的元素为

$$(\boldsymbol{B}^{\mathrm{T}}\boldsymbol{A}^{\mathrm{T}})_{ij} = \sum_{k=1}^{s} b_{ki} a_{jk} = \sum_{k=1}^{s} a_{jk} b_{ki} = (\boldsymbol{AB})_{ji} = (\boldsymbol{AB})_{ij}^{\mathrm{T}}, \quad i = 1, 2, \cdots, n; \; j = 1, 2, \cdots, m,$$

所以

$$(\boldsymbol{AB})^{\mathrm{T}} = \boldsymbol{B}^{\mathrm{T}}\boldsymbol{A}^{\mathrm{T}}.$$

一般地,矩阵 $\boldsymbol{A} = (a_{ij})$ 与它的转置矩阵是不相等的,但我们可以考虑以下两种情形:

(1) 若 $a_{ij} = a_{ji}(i, j = 1, 2, \cdots, n)$,即 $\boldsymbol{A}^{\mathrm{T}} = \boldsymbol{A}$,则称其为**对称矩阵**;

(2) 若 $a_{ij} = -a_{ji}(i, j = 1, 2, \cdots, n)$,即 $\boldsymbol{A}^{\mathrm{T}} = -\boldsymbol{A}$,则称其为**反对称矩阵**.

例 2.7 假设 $\boldsymbol{A}$ 为反对称矩阵,$\boldsymbol{B}$ 为对称矩阵,证明:

(1) $\boldsymbol{A}^2$ 为对称矩阵;

(2) $\boldsymbol{AB} - \boldsymbol{BA}$ 为对称矩阵.

证 (1) $(\boldsymbol{A}^2)^{\mathrm{T}} = (\boldsymbol{AA})^{\mathrm{T}} = \boldsymbol{A}^{\mathrm{T}}\boldsymbol{A}^{\mathrm{T}} = (-\boldsymbol{A})(-\boldsymbol{A}) = \boldsymbol{A}^2$;

(2) $(\boldsymbol{AB} - \boldsymbol{BA})^{\mathrm{T}} = (\boldsymbol{AB})^{\mathrm{T}} - (\boldsymbol{BA})^{\mathrm{T}} = \boldsymbol{B}^{\mathrm{T}}\boldsymbol{A}^{\mathrm{T}} - \boldsymbol{A}^{\mathrm{T}}\boldsymbol{B}^{\mathrm{T}} = -\boldsymbol{BA} + \boldsymbol{AB} = \boldsymbol{AB} - \boldsymbol{BA}.$

例 2.8 试将 n 阶方阵 $\boldsymbol{A}$ 表示为一个对称矩阵与一个反对称矩阵的和.

解 设 $\boldsymbol{A} = \boldsymbol{B} + \boldsymbol{C}$,其中 $\boldsymbol{B} = \boldsymbol{B}^{\mathrm{T}}$,$\boldsymbol{C} = -\boldsymbol{C}^{\mathrm{T}}$,于是

$$\boldsymbol{A}^{\mathrm{T}} = (\boldsymbol{B} + \boldsymbol{C})^{\mathrm{T}} = \boldsymbol{B}^{\mathrm{T}} + \boldsymbol{C}^{\mathrm{T}} = \boldsymbol{B} - \boldsymbol{C},$$

联立可得方程组

$$\begin{cases} \boldsymbol{A} = \boldsymbol{B} + \boldsymbol{C}, \\ \boldsymbol{A}^{\mathrm{T}} = \boldsymbol{B} - \boldsymbol{C}, \end{cases}$$

解得

$$\begin{cases} \boldsymbol{B} = \dfrac{\boldsymbol{A} + \boldsymbol{A}^{\mathrm{T}}}{2}, \\ \boldsymbol{C} = \dfrac{\boldsymbol{A} - \boldsymbol{A}^{\mathrm{T}}}{2}, \end{cases}$$

于是有

$$\boldsymbol{A} = \frac{\boldsymbol{A} + \boldsymbol{A}^{\mathrm{T}}}{2} + \frac{\boldsymbol{A} - \boldsymbol{A}^{\mathrm{T}}}{2}.$$

2.1.3 方阵的行列式

定义 2.9 n 阶方阵 $\boldsymbol{A}$ 的元素按原有顺序所构成的行列式称为 $\boldsymbol{A}$ 的行列式，记为 $|\boldsymbol{A}|$ 或 $\det\boldsymbol{A}$.

注 2.2 方阵与行列式是两个不同的概念，n 阶方阵是 n^2 个数按一定的方式排列成的一个数表，而 n 阶行列式是由这些数按一定的运算法则所确定的一个数.

方阵的行列式满足以下的运算法则（$\boldsymbol{A},\boldsymbol{B}$ 为 n 阶方阵，λ 为数）：

(1) $|\boldsymbol{A}^{\mathrm{T}}|=|\boldsymbol{A}|$；

(2) $|\lambda\boldsymbol{A}|=\lambda^n|\boldsymbol{A}|$；

(3) $|\boldsymbol{AB}|=|\boldsymbol{A}||\boldsymbol{B}|$.

证 这里只证法则(3). 设 $\boldsymbol{A}=(a_{ij})$，$\boldsymbol{B}=(b_{ij})$. 记 $2n$ 阶行列式

$$D=\begin{vmatrix} a_{11} & \cdots & a_{1n} & 0 & \cdots & 0 \\ \vdots & & \vdots & \vdots & & \vdots \\ a_{n1} & \cdots & a_{nn} & 0 & \cdots & 0 \\ -1 & \cdots & 0 & b_{11} & \cdots & b_{1n} \\ \vdots & & \vdots & \vdots & & \vdots \\ 0 & \cdots & -1 & b_{n1} & \cdots & b_{nn} \end{vmatrix}=\begin{vmatrix} \boldsymbol{A} & \boldsymbol{O} \\ -\boldsymbol{E} & \boldsymbol{B} \end{vmatrix},$$

由拉普拉斯定理的特例(1.11)式知 $D=|\boldsymbol{A}||\boldsymbol{B}|$，而 D 中以 b_{1j} 乘第 1 列，b_{2j} 乘第 2 列，……，b_{nj} 乘第 n 列，都加到第 $n+j(j=1,2,\cdots,n)$ 列上，有

$$D=\begin{vmatrix} \boldsymbol{A} & \boldsymbol{C} \\ -\boldsymbol{E} & \boldsymbol{O} \end{vmatrix},$$

其中 $\boldsymbol{C}=(c_{ij})$，$c_{ij}=a_{i1}b_{1j}+\cdots+a_{in}b_{nj}$，故 $\boldsymbol{C}=\boldsymbol{AB}$. 由拉普拉斯定理的特例(1.12)式知

$$D=\begin{vmatrix} \boldsymbol{A} & \boldsymbol{C} \\ -\boldsymbol{E} & \boldsymbol{O} \end{vmatrix}=(-1)^{nn}\ |\boldsymbol{C}||-\boldsymbol{E}\ |=|\ \boldsymbol{C}\ |=|\ \boldsymbol{AB}\ |,$$

故 $|\boldsymbol{AB}|=|\boldsymbol{A}||\boldsymbol{B}|$.

性质 奇数阶反对称矩阵的行列式为零.

例 2.9 证明

$$\begin{vmatrix} ax+by & ay+bz & az+bx \\ ay+bz & az+bx & ax+by \\ az+bx & ax+by & ay+bz \end{vmatrix}=(a^3+b^3)\begin{vmatrix} x & y & z \\ y & z & x \\ z & x & y \end{vmatrix}.$$

证 设 $\boldsymbol{A}=\begin{pmatrix} a & b & 0 \\ 0 & a & b \\ b & 0 & a \end{pmatrix}$，$\boldsymbol{B}=\begin{pmatrix} x & y & z \\ y & z & x \\ z & x & y \end{pmatrix}$，则

$$\begin{vmatrix} ax+by & ay+bz & az+bx \\ ay+bz & az+bx & ax+by \\ az+bx & ax+by & ay+bz \end{vmatrix}=|\boldsymbol{AB}|=|\boldsymbol{A}||\boldsymbol{B}|=(a^3+b^3)\begin{vmatrix} x & y & z \\ y & z & x \\ z & x & y \end{vmatrix}.$$

2.2 逆矩阵

2.2.1 伴随矩阵

定义 2.10 设 A_{ij} 是行列式 $|\boldsymbol{A}|$ 中元素 a_{ij} 的代数余子式,矩阵

$$\begin{pmatrix} A_{11} & A_{21} & \cdots & A_{n1} \\ A_{12} & A_{22} & \cdots & A_{n2} \\ \vdots & \vdots & & \vdots \\ A_{1n} & A_{2n} & \cdots & A_{nn} \end{pmatrix}$$

称为方阵 $\boldsymbol{A}$ 的伴随矩阵,记为 $\boldsymbol{A}^*$.

例 2.10 设矩阵 $\boldsymbol{A}=\begin{pmatrix} 1 & 2 & 3 \\ 2 & 2 & 1 \\ 3 & 4 & 3 \end{pmatrix}$,求 $|\boldsymbol{A}|$,$\boldsymbol{A}^*$,$\boldsymbol{AA}^*$,$\boldsymbol{A}^*\boldsymbol{A}$.

解 $|\boldsymbol{A}|=\begin{vmatrix} 1 & 2 & 3 \\ 2 & 2 & 1 \\ 3 & 4 & 3 \end{vmatrix}=2$,

$$A_{11}=(-1)^{1+1}\begin{vmatrix} 2 & 1 \\ 4 & 3 \end{vmatrix}=2,\quad A_{12}=(-1)^{1+2}\begin{vmatrix} 2 & 1 \\ 3 & 3 \end{vmatrix}=-3,$$

$$A_{13}=(-1)^{1+3}\begin{vmatrix} 2 & 2 \\ 3 & 4 \end{vmatrix}=2,$$

同理可得 $A_{21}=6$,$A_{22}=-6$,$A_{23}=2$,$A_{31}=-4$,$A_{32}=5$,$A_{33}=-2$,于是

$$\boldsymbol{A}^*=\begin{pmatrix} A_{11} & A_{21} & A_{31} \\ A_{12} & A_{22} & A_{32} \\ A_{13} & A_{23} & A_{33} \end{pmatrix}=\begin{pmatrix} 2 & 6 & -4 \\ -3 & -6 & 5 \\ 2 & 2 & -2 \end{pmatrix},$$

$$\begin{aligned} \boldsymbol{AA}^* &= \begin{pmatrix} 1 & 2 & 3 \\ 2 & 2 & 1 \\ 3 & 4 & 3 \end{pmatrix}\begin{pmatrix} 2 & 6 & -4 \\ -3 & -6 & 5 \\ 2 & 2 & -2 \end{pmatrix} \\ &= \begin{pmatrix} 2 & 0 & 0 \\ 0 & 2 & 0 \\ 0 & 0 & 2 \end{pmatrix}=2\begin{pmatrix} 1 & 0 & 0 \\ 0 & 1 & 0 \\ 0 & 0 & 1 \end{pmatrix} \\ &= 2\boldsymbol{E}=|\boldsymbol{A}|\boldsymbol{E}. \end{aligned}$$

同理可得

$$\boldsymbol{A}^*\boldsymbol{A}=|\boldsymbol{A}|\boldsymbol{E}.$$

例 2.10 得出了 $\boldsymbol{AA}^*=\boldsymbol{A}^*\boldsymbol{A}=|\boldsymbol{A}|\boldsymbol{E}$ 的结论,这一结论可以推广到任意的 n 阶方阵.

例 2.11 试证 $\boldsymbol{AA}^*=\boldsymbol{A}^*\boldsymbol{A}=|\boldsymbol{A}|\boldsymbol{E}$.

证

$$\boldsymbol{AA}^* = \begin{pmatrix} a_{11} & \cdots & a_{1n} \\ \vdots & & \vdots \\ a_{n1} & \cdots & a_{nn} \end{pmatrix}\begin{pmatrix} A_{11} & \cdots & A_{n1} \\ \vdots & & \vdots \\ A_{1n} & \cdots & A_{nn} \end{pmatrix}$$

$$= \begin{pmatrix} a_{11}A_{11}+\cdots+a_{1n}A_{1n} & & \\ & \ddots & \\ & & a_{n1}A_{n1}+\cdots+a_{nn}A_{nn} \end{pmatrix}$$

$$= \begin{pmatrix} |\boldsymbol{A}| & & \\ & \ddots & \\ & & |\boldsymbol{A}| \end{pmatrix}$$

$$= |\boldsymbol{A}|\boldsymbol{E},$$

同理可证 $\boldsymbol{A}^*\boldsymbol{A}=|\boldsymbol{A}|\boldsymbol{E}$.

2.2.2 逆矩阵的定义

定义 2.11 对于 n 阶方阵 $\boldsymbol{A}$，如果有一个 n 阶方阵 $\boldsymbol{B}$，使 $\boldsymbol{AB}=\boldsymbol{BA}=\boldsymbol{E}$，则称 $\boldsymbol{A}$ 是可逆的，$\boldsymbol{B}$ 称为 $\boldsymbol{A}$ 的逆矩阵，记为 $\boldsymbol{A}^{-1}$.

可逆方阵 $\boldsymbol{A}$ 与其逆矩阵 $\boldsymbol{B}$ 是互逆的，即 $\boldsymbol{A}$ 也为 $\boldsymbol{B}$ 的逆矩阵，并且方阵 $\boldsymbol{A}$ 的逆矩阵是惟一的. 这是由于，设 $\boldsymbol{B}$，$\boldsymbol{C}$ 均为 $\boldsymbol{A}$ 的逆矩阵，则 $\boldsymbol{B}=\boldsymbol{EB}=(\boldsymbol{CA})\boldsymbol{B}=\boldsymbol{C}(\boldsymbol{AB})=\boldsymbol{CE}=\boldsymbol{C}$，亦即方阵 $\boldsymbol{A}$ 的逆矩阵惟一.

若 $|\boldsymbol{A}|=0$，则称方阵 $\boldsymbol{A}$ 为**奇异方阵**，否则称为**非奇异方阵**.

定理 2.1 方阵 $\boldsymbol{A}$ 可逆的充要条件为 $\boldsymbol{A}$ 是非奇异方阵.

证 （充分性）由于 $\boldsymbol{AA}^*=\boldsymbol{A}^*\boldsymbol{A}=|\boldsymbol{A}|\boldsymbol{E}$，当 $|\boldsymbol{A}|\neq 0$ 时，有

$$\boldsymbol{A}\frac{\boldsymbol{A}^*}{|\boldsymbol{A}|}=\frac{\boldsymbol{A}^*}{|\boldsymbol{A}|}\boldsymbol{A}=\boldsymbol{E},$$

令 $\boldsymbol{B}=\dfrac{\boldsymbol{A}^*}{|\boldsymbol{A}|}$，于是有

$$\boldsymbol{AB}=\boldsymbol{BA}=\boldsymbol{E},$$

由定义 2.11 可知，$\boldsymbol{A}$ 可逆，且 $\boldsymbol{A}^{-1}=\dfrac{\boldsymbol{A}^*}{|\boldsymbol{A}|}$.

（必要性）假设 $\boldsymbol{A}$ 可逆，则 $\boldsymbol{AA}^{-1}=\boldsymbol{E}$，从而 $|\boldsymbol{AA}^{-1}|=|\boldsymbol{A}||\boldsymbol{A}^{-1}|=1$，所以 $|\boldsymbol{A}|\neq 0$.

该定理说明了在 $\boldsymbol{A}$ 非奇异的条件下，$\boldsymbol{A}$ 的逆矩阵可以由 $\boldsymbol{A}^{-1}=\dfrac{\boldsymbol{A}^*}{|\boldsymbol{A}|}$ 来计算.

例 2.12 设 $\boldsymbol{A}=\begin{pmatrix} 3\cos\theta & -3\sin\theta \\ \sin\theta & \cos\theta \end{pmatrix}$，求 $\boldsymbol{A}^{-1}$.

解 由于$|\boldsymbol{A}|=\begin{vmatrix}3\cos\theta & -3\sin\theta\\ \sin\theta & \cos\theta\end{vmatrix}=3$,所以$\boldsymbol{A}$可逆,且

$$\boldsymbol{A}^{-1}=\frac{\boldsymbol{A}^*}{|\boldsymbol{A}|}=\frac{1}{3}\begin{pmatrix}\cos\theta & 3\sin\theta\\ -\sin\theta & 3\cos\theta\end{pmatrix}.$$

当$|\boldsymbol{A}|\neq 0$时,定义

$$\boldsymbol{A}^0=\boldsymbol{E},\quad \boldsymbol{A}^{-k}=(\boldsymbol{A}^{-1})^k,$$

这里的k为正整数. 由此,当$|\boldsymbol{A}|\neq 0$且λ,μ为整数时,有

$$\boldsymbol{A}^{\lambda}\boldsymbol{A}^{\mu}=\boldsymbol{A}^{\lambda+\mu},\quad (\boldsymbol{A}^{\lambda})^{\mu}=\boldsymbol{A}^{\lambda\mu}.$$

推论 2.1 若方阵$\boldsymbol{A},\boldsymbol{B}$使得$\boldsymbol{AB}=\boldsymbol{E}$(或$\boldsymbol{BA}=\boldsymbol{E}$)成立,则$\boldsymbol{B}=\boldsymbol{A}^{-1}$.

证 由于$|\boldsymbol{A}||\boldsymbol{B}|=1$,故$|\boldsymbol{A}|\neq 0$,即$\boldsymbol{A}$可逆,由逆矩阵的惟一性可知$\boldsymbol{B}=\boldsymbol{A}^{-1}$.

2.2.3 逆矩阵的运算法则

方阵的逆矩阵满足以下的运算法则:

(1) 若$\boldsymbol{A}$可逆,则$\boldsymbol{A}^{-1}$也可逆,且$(\boldsymbol{A}^{-1})^{-1}=\boldsymbol{A}$;

(2) 若$\boldsymbol{A}$可逆,则$\lambda\boldsymbol{A}$也可逆,且$(\lambda\boldsymbol{A})^{-1}=\dfrac{\boldsymbol{A}^{-1}}{\lambda}$,这里$\lambda$是不为零的数;

(3) 若$\boldsymbol{A},\boldsymbol{B}$为同阶可逆方阵,则$\boldsymbol{AB}$也可逆,且$(\boldsymbol{AB})^{-1}=\boldsymbol{B}^{-1}\boldsymbol{A}^{-1}$;

(4) 若$\boldsymbol{A}$可逆,则$\boldsymbol{A}^{\mathrm{T}}$也可逆,且$(\boldsymbol{A}^{\mathrm{T}})^{-1}=(\boldsymbol{A}^{-1})^{\mathrm{T}}$.

证 这里只证(3),(4). 由于$(\boldsymbol{AB})(\boldsymbol{B}^{-1}\boldsymbol{A}^{-1})=\boldsymbol{A}(\boldsymbol{BB}^{-1})\boldsymbol{A}^{-1}=\boldsymbol{AEA}^{-1}=\boldsymbol{AA}^{-1}=\boldsymbol{E}$,所以$(\boldsymbol{AB})^{-1}=\boldsymbol{B}^{-1}\boldsymbol{A}^{-1}$;又由于$\boldsymbol{A}^{\mathrm{T}}(\boldsymbol{A}^{-1})^{\mathrm{T}}=(\boldsymbol{A}^{-1}\boldsymbol{A})^{\mathrm{T}}=\boldsymbol{E}^{\mathrm{T}}=\boldsymbol{E}$,所以$(\boldsymbol{A}^{\mathrm{T}})^{-1}=(\boldsymbol{A}^{-1})^{\mathrm{T}}$.

例 2.13 设方阵$\boldsymbol{A}$满足$\boldsymbol{A}^2-\boldsymbol{A}-2\boldsymbol{E}=\boldsymbol{O}$,求$\boldsymbol{A}^{-1}$及$(\boldsymbol{A}+2\boldsymbol{E})^{-1}$.

解 因为$\boldsymbol{A}(\boldsymbol{A}-\boldsymbol{E})=2\boldsymbol{E}$,即$\boldsymbol{A}\left(\dfrac{\boldsymbol{A}-\boldsymbol{E}}{2}\right)=\boldsymbol{E}$,所以$\boldsymbol{A}^{-1}=\dfrac{\boldsymbol{A}-\boldsymbol{E}}{2}$. 又$\boldsymbol{A}+2\boldsymbol{E}=\boldsymbol{A}^2$,而$\boldsymbol{A}$可逆,故

$$(\boldsymbol{A}+2\boldsymbol{E})^{-1}=(\boldsymbol{A}^2)^{-1}=\boldsymbol{A}^{-1}\boldsymbol{A}^{-1}=\frac{1}{4}(\boldsymbol{A}-\boldsymbol{E})^2=\frac{1}{4}(3\boldsymbol{E}-\boldsymbol{A}).$$

例 2.14 设矩阵$\boldsymbol{A}=\begin{pmatrix}1 & 2 & 3\\ 2 & 2 & 4\\ 3 & 4 & 3\end{pmatrix}$,求$(\boldsymbol{A}^*)^{-1}$.

解 因为

$$\boldsymbol{A}^*\boldsymbol{A}=|\boldsymbol{A}|\boldsymbol{E},$$

而

$$|\boldsymbol{A}|=\begin{vmatrix}1 & 2 & 3\\ 2 & 2 & 4\\ 3 & 4 & 3\end{vmatrix}=8\neq 0,$$

所以

$$(\boldsymbol{A}^*)^{-1}=\frac{\boldsymbol{A}}{|\boldsymbol{A}|}=\frac{1}{8}\begin{pmatrix}1&2&3\\2&2&4\\3&4&3\end{pmatrix}.$$

2.3 矩阵的初等变换

2.3.1 初等变换

用高斯消元法求解线性方程组，就是对方程组的系数和常数项所确定的矩阵 $\begin{pmatrix}a_{11}&\cdots&a_{1n}&b_1\\\vdots&&\vdots&\vdots\\a_{m1}&\cdots&a_{mn}&b_m\end{pmatrix}$ 进行变换的过程，由此，我们可以得到下面的定义.

定义 2.12 以下三种变换称为矩阵的初等行变换：

(1) **对换变换** 对换某两行(对换 i,j 两行，记为 $r_i\leftrightarrow r_j$)；

(2) **倍乘变换** 以非零数 k 乘矩阵的某一行(第 i 行乘以数 k，记为 $r_i\times k$)；

(3) **倍加变换** 矩阵的某一行乘以常数 k 加到另一行上(第 j 行的 k 倍加到第 i 行上，记为 r_i+kr_j).

类似地，对矩阵的列施行以上三种变换称为**矩阵的初等列变换**(所用记号是将“r”换成“c”). 初等行变换和初等列变换统称为**初等变换**.

矩阵的初等变换是可逆的，且其逆变换是同一类型的初等变换：对换变换 $r_i\leftrightarrow r_j$ 的逆变换就是其本身；倍乘变换 $r_i\times k$ 的逆变换为 $r_i\times\frac{1}{k}$(或记为 $r_i\div k$)；倍加变换 r_i+kr_j 的逆变换为 $r_i+(-k)r_j$(或记为 r_i-kr_j).

例 2.15 设 $\boldsymbol{A}=\begin{pmatrix}1&0&1&2\\3&5&4&1\\1&2&2&0\end{pmatrix}$，将矩阵 $\boldsymbol{A}$ 的第 1 行乘以 2 加到第 2 行，再对换第 1 行、第 3 行，得到 $\boldsymbol{B}=\begin{pmatrix}1&2&2&0\\5&5&6&5\\1&0&1&2\end{pmatrix}$. 这里的 $\boldsymbol{B}$ 是由 $\boldsymbol{A}$ 经过初等行变换以后得到的，我们称 $\boldsymbol{A}$ 与 $\boldsymbol{B}$ 是等价的.

定义 2.13 如果矩阵 $\boldsymbol{A}$ 经有限次初等变换后得到 $\boldsymbol{B}$，则称 $\boldsymbol{A}$ 与 $\boldsymbol{B}$ 等价，记为 $\boldsymbol{A}\sim\boldsymbol{B}$.

矩阵的等价关系具有以下性质：

(1) **反身性** $\boldsymbol{A}\sim\boldsymbol{A}$；

(2) **对称性** 如果 $\boldsymbol{A}\sim\boldsymbol{B}$，则 $\boldsymbol{B}\sim\boldsymbol{A}$；

(3) **传递性** 如果 $\boldsymbol{A}\sim\boldsymbol{B},\boldsymbol{B}\sim\boldsymbol{C}$,则 $\boldsymbol{A}\sim\boldsymbol{C}$.
以上性质很容易用等价的定义加以验证.

具有以下特征的矩阵称为**行阶梯矩阵**:

(1) 零行在非零行之下;

(2) 非零行的首非零元 a_{ij} 的列标 j 随着行标 i 的增大而严格增大.

行阶梯矩阵的特点是:可画出一条阶梯线,线的下方全为零;每个台阶只有一行,台阶数即是非零行的行数;每个台阶的第一个元为非零元.

非零行的首非零元为1,且这些首非零元所在的列的其他元都为零的行阶梯矩阵称为**行最简形阶梯矩阵**.

例如矩阵 $\boldsymbol{A}=\begin{pmatrix}1&0&0&0&0\\0&1&2&0&0\\0&0&0&1&1\\0&0&0&0&0\end{pmatrix}$ 是行阶梯矩阵,并且是行最简形阶梯矩阵. 而矩阵 $\boldsymbol{B}=\begin{pmatrix}1&0&1&0&3\\0&1&1&2&0\\0&1&0&2&1\\0&0&0&0&0\end{pmatrix}$ 不是行阶梯矩阵.

可以证明,对任何矩阵 $\boldsymbol{A}_{m\times n}$,经过有限次初等行变换总可以化为行阶梯矩阵和行最简形阶梯矩阵. 对行最简形阶梯矩阵再施行初等列变换,可以化为更为简单的矩阵. 例如

$$\boldsymbol{A}=\begin{pmatrix}1&1&2&1&1\\2&2&4&3&3\\1&2&4&4&4\\2&3&6&5&5\end{pmatrix}\underset{r_2\leftrightarrow r_3}{\overset{\substack{r_4-r_3-r_1\\r_3-r_1\\r_2-2r_1}}{\sim}}\begin{pmatrix}1&1&2&1&1\\0&1&2&3&3\\0&0&0&1&1\\0&0&0&0&0\end{pmatrix}\underset{c_3\leftrightarrow c_4}{\overset{\substack{c_5-c_4\\c_4-3c_2+2c_1\\c_3-2c_2\\c_2-c_1}}{\sim}}\begin{pmatrix}1&0&0&0&0\\0&1&0&0&0\\0&0&1&0&0\\0&0&0&0&0\end{pmatrix}=\boldsymbol{F}.$$

矩阵 $\boldsymbol{F}$ 的特点是其左上角是一个单位矩阵,其余元全为零,我们称之为矩阵 $\boldsymbol{A}$ 的标准形.

定理 2.2 对任何矩阵 $\boldsymbol{A}_{m\times n}$,经有限次初等变换后总可以化为一个与之等价的标准形,即

$$\boldsymbol{A}\sim\boldsymbol{F}=\begin{pmatrix}\boldsymbol{E}_r&\boldsymbol{O}\\\boldsymbol{O}&\boldsymbol{O}\end{pmatrix}_{m\times n},$$

这里的 r 就是行阶梯矩阵中非零行的行数.

所有与 $\boldsymbol{A}_{m\times n}$ 等价的矩阵组成的集合称为一个**等价类**,标准形 $\boldsymbol{F}$ 是这个等价类中形状最简单的矩阵.

2.3.2　初等方阵

定义 2.14　单位矩阵作一次初等变换后所得的矩阵称为初等方阵.

对应于三类初等行(列)变换,有以下三种类型的初等方阵.

1. 初等对换方阵

$$\boldsymbol{E}(i,j)=\begin{pmatrix}1&&&&&&&\\&\ddots&&&&&&\\&&0&0&\cdots&0&1&&\\&&0&1&\cdots&0&0&&\\&&\vdots&\vdots&\ddots&\vdots&\vdots&&\\&&0&0&\cdots&1&0&&\\&&1&0&\cdots&0&0&&\\&&&&&&&\ddots&\\&&&&&&&&1\end{pmatrix}\begin{matrix}\\\\\leftarrow\text{第 }i\text{ 行}\\\\\\\\\leftarrow\text{第 }j\text{ 行}\\\\\\\end{matrix}$$

$\boldsymbol{E}(i,j)$相当于将单位矩阵的第 i 行(列)与第 j 行(列)对换.

可以验证,对矩阵 $\boldsymbol{A}_{m\times n}$施行初等行(列)变换 $r_i\leftrightarrow r_j(c_i\leftrightarrow c_j)$,相当于用相应的 m 阶(n 阶)初等方阵 $\boldsymbol{E}_m(i,j)(\boldsymbol{E}_n(i,j))$左(右)乘 $\boldsymbol{A}_{m\times n}$.

2. 初等倍乘方阵

$$\boldsymbol{E}(i(k))=\begin{pmatrix}1&&&&&&\\&\ddots&&&&&\\&&1&&&&\\&&&k&&&\\&&&&1&&\\&&&&&\ddots&\\&&&&&&1\end{pmatrix}\begin{matrix}\\\\\\\leftarrow\text{第 }i\text{ 行}\\\\\\\\\end{matrix}$$

$\boldsymbol{E}(i(k))$相当于单位矩阵的 i 行(列)乘以非零数 k.

可以验证,对矩阵 $\boldsymbol{A}_{m\times n}$施行初等行(列)变换 $r_i\times k(c_i\times k)$,相当于用相应的 m 阶(n 阶)初等方阵 $\boldsymbol{E}_m(i(k))(\boldsymbol{E}_n(i(k)))$左(右)乘 $\boldsymbol{A}_{m\times n}$.

3. 初等倍加方阵

$$\boldsymbol{E}(i,j(k))=\begin{pmatrix}1&&&&&&\\&\ddots&&&&&\\&&1&\cdots&k&&\\&&&\ddots&\vdots&&\\&&&&1&&\\&&&&&\ddots&\\&&&&&&1\end{pmatrix}\begin{matrix}\\\\\leftarrow\text{第 }i\text{ 行}\\\\\leftarrow\text{第 }j\text{ 行}\\\\\\\end{matrix}$$

$\boldsymbol{E}(i,j(k))$相当于将单位矩阵的第 j 行(i 列)乘以数 k 加到第 i 行(j 列)上.

可以验证,对矩阵 $\boldsymbol{A}_{m\times n}$施行初等行(列)变换 r_i+kr_j(c_j+kc_i),相当于用相应的 m 阶(n 阶)初等方阵 $\boldsymbol{E}_m(i,j(k))$($\boldsymbol{E}_n(i,j(k))$)左(右)乘 $\boldsymbol{A}_{m\times n}$.

综上所述,可以得到下面定理.

定理 2.3 设 $\boldsymbol{A}$ 为 $m\times n$ 矩阵,对 $\boldsymbol{A}$ 施行一次初等行变换,相当于 $\boldsymbol{A}$ 左乘以一个相应的 m 阶初等方阵;对 $\boldsymbol{A}$ 施行一次初等列变换,相当于 $\boldsymbol{A}$ 右乘以一个相应的 n 阶初等方阵.

由于对初等方阵作相反的初等变换可化为单位矩阵,即

$$\boldsymbol{E}(i,j)\boldsymbol{E}(i,j)=\boldsymbol{E},\quad \boldsymbol{E}\left(i\left(\frac{1}{k}\right)\right)\boldsymbol{E}(i(k))=\boldsymbol{E},\quad \boldsymbol{E}(i,j(-k))\boldsymbol{E}(i,j(k))=\boldsymbol{E},$$

所以初等方阵可逆,其逆矩阵仍为初等方阵,且

$$\boldsymbol{E}(i,j)^{-1}=\boldsymbol{E}(i,j),\quad \boldsymbol{E}(i(k))^{-1}=\boldsymbol{E}\left(i\left(\frac{1}{k}\right)\right),\quad \boldsymbol{E}(i,j(k))^{-1}=\boldsymbol{E}(i,j(-k)).$$

例 2.16 设方阵 $\boldsymbol{A}_1=\begin{pmatrix}1&&\\0&1&\\2&0&1\end{pmatrix}$,$\boldsymbol{A}_2=\begin{pmatrix}2&&\\&1&\\&&1\end{pmatrix}$,$\boldsymbol{A}_3=\begin{pmatrix}1&0&0\\0&0&1\\0&1&0\end{pmatrix}$,求 $\boldsymbol{A}_1\boldsymbol{A}_2\boldsymbol{A}_3$,$(\boldsymbol{A}_1\boldsymbol{A}_2\boldsymbol{A}_3)^{-1}$.

解 $\boldsymbol{A}_1,\boldsymbol{A}_2,\boldsymbol{A}_3$ 均为初等方阵,$\boldsymbol{A}_2$ 左乘 $\boldsymbol{A}_3$ 相当于将 $\boldsymbol{A}_3$ 的第 1 行乘以 2,$\boldsymbol{A}_1$ 左乘 $\boldsymbol{A}_2\boldsymbol{A}_3$ 相当于将 $\boldsymbol{A}_2\boldsymbol{A}_3$ 的第 1 行乘以 2 加到第 3 行上,于是有

$$\boldsymbol{A}_1\boldsymbol{A}_2\boldsymbol{A}_3=\boldsymbol{A}_1\begin{pmatrix}2&0&0\\0&0&1\\0&1&0\end{pmatrix}=\begin{pmatrix}2&0&0\\0&0&1\\4&1&0\end{pmatrix},$$

$$\begin{aligned}(\boldsymbol{A}_1\boldsymbol{A}_2\boldsymbol{A}_3)^{-1}&=\boldsymbol{A}_3^{-1}\boldsymbol{A}_2^{-1}\boldsymbol{A}_1^{-1}\\&=\begin{pmatrix}1&0&0\\0&0&1\\0&1&0\end{pmatrix}\begin{pmatrix}\frac{1}{2}&&\\&1&\\&&1\end{pmatrix}\begin{pmatrix}1&&\\0&1&\\-2&0&1\end{pmatrix}\\&=\begin{pmatrix}1&0&0\\0&0&1\\0&1&0\end{pmatrix}\begin{pmatrix}\frac{1}{2}&&\\0&1&\\-2&0&1\end{pmatrix}\\&=\begin{pmatrix}\frac{1}{2}&0&0\\-2&0&1\\0&1&0\end{pmatrix}.\end{aligned}$$

推论 2.2 可逆矩阵 $\boldsymbol{A}$ 和同阶单位矩阵 $\boldsymbol{E}$ 等价,即 $\boldsymbol{A}\sim\boldsymbol{E}$.

证 由于 $\boldsymbol{A}$ 经过有限次初等变换可以化为一个与之等价的标准形,即

$$\boldsymbol{A}\sim\boldsymbol{F}=\begin{pmatrix}\boldsymbol{E}_r&\boldsymbol{O}\\\boldsymbol{O}&\boldsymbol{O}\end{pmatrix}_{m\times n},$$

其中 r 是行阶梯矩阵中非零行的行数. 假设这些初等变换中的初等行变换所对应的初等方阵为 $\boldsymbol{R}_1,\cdots,\boldsymbol{R}_k$,初等列变换所对应的初等方阵为 $\boldsymbol{Q}_1,\cdots,\boldsymbol{Q}_l$,由定理 2.3 得

$$\boldsymbol{R}_k\cdots\boldsymbol{R}_1\boldsymbol{A}\boldsymbol{Q}_1\cdots\boldsymbol{Q}_l=\begin{pmatrix}\boldsymbol{E}_r & \boldsymbol{O}\\ \boldsymbol{O} & \boldsymbol{O}\end{pmatrix},$$

即

$$|\boldsymbol{R}_k|\cdots|\boldsymbol{R}_1|\,|\boldsymbol{A}|\,|\boldsymbol{Q}_1|\cdots|\boldsymbol{Q}_l|=\begin{vmatrix}\boldsymbol{E}_r & \boldsymbol{O}\\ \boldsymbol{O} & \boldsymbol{O}\end{vmatrix}, \tag{2.4}$$

由于初等方阵 $\boldsymbol{R}_k,\cdots,\boldsymbol{R}_1,\boldsymbol{Q}_1,\cdots,\boldsymbol{Q}_l$ 和矩阵 $\boldsymbol{A}$ 均可逆,其行列式均不为 0,故(2.4)式左端不为零,由此可得 r 必然和 n 相等,即

$$\boldsymbol{R}_k\cdots\boldsymbol{R}_1\boldsymbol{A}\boldsymbol{Q}_1\cdots\boldsymbol{Q}_l=\boldsymbol{E}, \tag{2.5}$$

所以 $\boldsymbol{A}\sim\boldsymbol{E}$.

2.3.3 利用初等变换求逆矩阵

定理 2.4 可逆矩阵可以分解为若干个初等方阵的乘积.

证 由(2.5)式知

$$\begin{aligned}\boldsymbol{A}&=(\boldsymbol{R}_k\cdots\boldsymbol{R}_1)^{-1}\boldsymbol{E}(\boldsymbol{Q}_1\cdots\boldsymbol{Q}_l)^{-1}\\&=\boldsymbol{R}_1^{-1}\cdots\boldsymbol{R}_k^{-1}\boldsymbol{Q}_l^{-1}\cdots\boldsymbol{Q}_1^{-1}\\&\xlongequal{\text{def}}\boldsymbol{P}_1\cdots\boldsymbol{P}_s,\end{aligned} \tag{2.6}$$

所以定理成立.

推论 2.3 如果对可逆矩阵 $\boldsymbol{A}$ 和同阶单位矩阵 $\boldsymbol{E}$ 作同样的初等行(列)变换,当 $\boldsymbol{A}$ 化为单位矩阵 $\boldsymbol{E}$ 时,$\boldsymbol{E}$ 化为 $\boldsymbol{A}^{-1}$.

证 由(2.6)式知 $\boldsymbol{A}=\boldsymbol{P}_1\cdots\boldsymbol{P}_s$,即

$$\boldsymbol{P}_s^{-1}\cdots\boldsymbol{P}_1^{-1}\boldsymbol{A}=\boldsymbol{E}, \tag{2.7}$$

(2.7)式两端同时右乘 $\boldsymbol{A}^{-1}$,可得

$$\boldsymbol{P}_s^{-1}\cdots\boldsymbol{P}_1^{-1}\boldsymbol{E}=\boldsymbol{A}^{-1}, \tag{2.8}$$

(2.7)式和(2.8)式表明,当对 $\boldsymbol{A}$ 施行一系列的初等行变换将 $\boldsymbol{A}$ 化为单位矩阵时,对 $\boldsymbol{E}$ 施行同一系列的初等行变换将把 $\boldsymbol{E}$ 化为 $\boldsymbol{A}^{-1}$,即

$$\boldsymbol{P}_s^{-1}\cdots\boldsymbol{P}_1^{-1}(\boldsymbol{A}\,\vdots\,\boldsymbol{E})=(\boldsymbol{E}\,\vdots\,\boldsymbol{A}^{-1}),$$

所以推论 2.3 成立.

同理可得,当对 $\boldsymbol{A}$ 施行一系列的初等列变换将 $\boldsymbol{A}$ 化为单位矩阵时,对 $\boldsymbol{E}$ 施行同一系列的初等列变换将把 $\boldsymbol{E}$ 化为 $\boldsymbol{A}^{-1}$,即

$$\begin{pmatrix}\boldsymbol{A}\\ \cdots\\ \boldsymbol{E}\end{pmatrix}\boldsymbol{P}_s^{-1}\cdots\boldsymbol{P}_1^{-1}=\begin{pmatrix}\boldsymbol{E}\\ \cdots\\ \boldsymbol{A}^{-1}\end{pmatrix}.$$

由此可得用初等行(列)变换求逆矩阵的步骤:

(1) 作 $n\times 2n$ 矩阵 $(\boldsymbol{A} \vdots \boldsymbol{E})$ $\left(\text{或 } 2n\times n \text{ 矩阵} \begin{pmatrix} \boldsymbol{A} \\ \cdots \\ \boldsymbol{E} \end{pmatrix}\right)$;

(2) 对 $(\boldsymbol{A} \vdots \boldsymbol{E})$ $\left(\text{或} \begin{pmatrix} \boldsymbol{A} \\ \cdots \\ \boldsymbol{E} \end{pmatrix}\right)$ 施行初等行(或列)变换将 $\boldsymbol{A}$ 化为单位矩阵;

(3) 当 $\boldsymbol{A}$ 化为单位矩阵时,$\boldsymbol{E}$ 即化为逆矩阵 $\boldsymbol{A}^{-1}$.

例 2.17 用初等行变换求方阵 $\boldsymbol{A}=\begin{pmatrix} 1 & 2 & 3 \\ 2 & 4 & 7 \\ 0 & 1 & 2 \end{pmatrix}$ 的逆矩阵.

解

$$(\boldsymbol{A} \vdots \boldsymbol{E})=\left(\begin{array}{ccc:ccc} 1 & 2 & 3 & 1 & 0 & 0 \\ 2 & 4 & 7 & 0 & 1 & 0 \\ 0 & 1 & 2 & 0 & 0 & 1 \end{array}\right)$$

$$\underset{r_3-2r_2}{\overset{r_2-2r_1}{\sim}} \left(\begin{array}{ccc:ccc} 1 & 2 & 3 & 1 & 0 & 0 \\ 0 & 0 & 1 & -2 & 1 & 0 \\ 0 & 1 & 0 & 4 & -2 & 1 \end{array}\right)$$

$$\underset{r_2\leftrightarrow r_3}{\overset{r_1-3r_2-2r_3}{\sim}} \left(\begin{array}{ccc:ccc} 1 & 0 & 0 & -1 & 1 & -2 \\ 0 & 1 & 0 & 4 & -2 & 1 \\ 0 & 0 & 1 & -2 & 1 & 0 \end{array}\right),$$

故

$$\boldsymbol{A}^{-1}=\begin{pmatrix} -1 & 1 & -2 \\ 4 & -2 & 1 \\ -2 & 1 & 0 \end{pmatrix}.$$

例 2.18 设 $\boldsymbol{A}=\begin{pmatrix} 1 & 1 & 1 \\ 0 & 1 & 1 \\ 0 & 0 & 1 \end{pmatrix}$,$\boldsymbol{B}=\begin{pmatrix} 1 & 0 \\ 1 & 1 \\ 1 & 1 \end{pmatrix}$,求矩阵 $\boldsymbol{X}$ 使其满足 $\boldsymbol{AX}=\boldsymbol{B}$.

解 方法一 由于

$$(\boldsymbol{A} \vdots \boldsymbol{E})=\left(\begin{array}{ccc:ccc} 1 & 1 & 1 & 1 & 0 & 0 \\ 0 & 1 & 1 & 0 & 1 & 0 \\ 0 & 0 & 1 & 0 & 0 & 1 \end{array}\right) \underset{r_2-r_3}{\overset{r_1-r_2}{\sim}} \left(\begin{array}{ccc:ccc} 1 & 0 & 0 & 1 & -1 & 0 \\ 0 & 1 & 0 & 0 & 1 & -1 \\ 0 & 0 & 1 & 0 & 0 & 1 \end{array}\right),$$

即

$$\boldsymbol{A}^{-1}=\begin{pmatrix} 1 & -1 & 0 \\ 0 & 1 & -1 \\ 0 & 0 & 1 \end{pmatrix},$$

用 $\boldsymbol{A}^{-1}$ 左乘 $\boldsymbol{AX}=\boldsymbol{B}$ 两端,有

$$X=A^{-1}B=\begin{pmatrix}1&-1&0\\0&1&-1\\0&0&1\end{pmatrix}\begin{pmatrix}1&0\\1&1\\1&1\end{pmatrix}=\begin{pmatrix}0&-1\\0&0\\1&1\end{pmatrix}.$$

方法二 用 A^{-1} 左乘 $AX=B$ 两端，相当于对矩阵 A,B 施行一系列的初等行变换，当 A 变为单位矩阵时，B 即变为 $X=A^{-1}B$.

$$(A\,\vdots\,B)=\left(\begin{array}{ccc:cc}1&1&1&1&0\\0&1&1&1&1\\0&0&1&1&1\end{array}\right)\overset{r_1-r_2}{\underset{r_2-r_3}{\sim}}\left(\begin{array}{ccc:cc}1&0&0&0&-1\\0&1&0&0&0\\0&0&1&1&1\end{array}\right)=(E\,\vdots\,A^{-1}B),$$

故

$$X=A^{-1}B=\begin{pmatrix}0&-1\\0&0\\1&1\end{pmatrix}.$$

注 2.3 用初等行变换求逆矩阵时，整个过程只能用初等行变换，其间不能用初等列变换. 如果作初等行变换时出现了全零行，则其行列式为零，矩阵不可逆.

2.4 分块矩阵

2.4.1 分块矩阵的概念

行列数较多的矩阵运算起来往往很繁杂，通常我们用分块的方法将大矩阵的运算化为小矩阵的运算. 用若干条横线和纵线将矩阵 A 分成许多小矩阵，每个小矩阵都称为 A 的**子块**，以子块为元素的形式上的矩阵称为**分块矩阵**.

矩阵进行分块时的分法很多，例如 $A=\begin{pmatrix}a_{11}&\cdots&a_{1n}\\\vdots&&\vdots\\a_{m1}&\cdots&a_{mn}\end{pmatrix}$，可以按行分块为

$$A=\left(\begin{array}{ccc}a_{11}&\cdots&a_{1n}\\\hdashline a_{21}&\cdots&a_{2n}\\\hdashline \vdots&&\vdots\\\hdashline a_{m-1,1}&\cdots&a_{m-1,n}\\\hdashline a_{m1}&\cdots&a_{mn}\end{array}\right)=\left(\begin{array}{c}A_1\\\hdashline A_2\\\hdashline\vdots\\\hdashline A_{m-1}\\\hdashline A_m\end{array}\right),$$

其中 $A_i=(a_{i1},\cdots,a_{in})(i=1,2,\cdots,m)$；也可以按列分块为

$$A=(A_1,\quad A_2,\quad \cdots,\quad A_n),$$

其中 $A_j=(a_{1j},\cdots,a_{mj})^{\mathrm{T}}(j=1,2,\cdots,n)$.

分块矩阵是一种形式上的矩阵,它的元素是子块,其运算和普通矩阵类似.

2.4.2 分块矩阵的运算

1. 加法

设 $\boldsymbol{A},\boldsymbol{B}$ 为同型矩阵,采用相同的分块法分块为

$$\boldsymbol{A}=\begin{pmatrix}\boldsymbol{A}_{11} & \cdots & \boldsymbol{A}_{1r}\\ \vdots & & \vdots\\ \boldsymbol{A}_{s1} & \cdots & \boldsymbol{A}_{sr}\end{pmatrix},\quad \boldsymbol{B}=\begin{pmatrix}\boldsymbol{B}_{11} & \cdots & \boldsymbol{B}_{1r}\\ \vdots & & \vdots\\ \boldsymbol{B}_{s1} & \cdots & \boldsymbol{B}_{sr}\end{pmatrix},$$

则

$$\boldsymbol{A}+\boldsymbol{B}=\begin{pmatrix}\boldsymbol{A}_{11}+\boldsymbol{B}_{11} & \cdots & \boldsymbol{A}_{1r}+\boldsymbol{B}_{1r}\\ \vdots & & \vdots\\ \boldsymbol{A}_{s1}+\boldsymbol{B}_{s1} & \cdots & \boldsymbol{A}_{sr}+\boldsymbol{B}_{sr}\end{pmatrix}.$$

2. 数与分块矩阵的乘法

设 $\boldsymbol{A}=\begin{pmatrix}\boldsymbol{A}_{11} & \cdots & \boldsymbol{A}_{1r}\\ \vdots & & \vdots\\ \boldsymbol{A}_{s1} & \cdots & \boldsymbol{A}_{sr}\end{pmatrix}$,$\lambda$ 为数,则

$$\lambda\boldsymbol{A}=\begin{pmatrix}\lambda\boldsymbol{A}_{11} & \cdots & \lambda\boldsymbol{A}_{1r}\\ \vdots & & \vdots\\ \lambda\boldsymbol{A}_{s1} & \cdots & \lambda\boldsymbol{A}_{sr}\end{pmatrix}.$$

3. 分块矩阵与分块矩阵的乘法

设 $\boldsymbol{A}$ 为 $m\times k$ 矩阵,$\boldsymbol{B}$ 为 $k\times n$ 阵,分块为

$$\boldsymbol{A}=\begin{pmatrix}\boldsymbol{A}_{11} & \cdots & \boldsymbol{A}_{1t}\\ \vdots & & \vdots\\ \boldsymbol{A}_{s1} & \cdots & \boldsymbol{A}_{st}\end{pmatrix},\quad \boldsymbol{B}=\begin{pmatrix}\boldsymbol{B}_{11} & \cdots & \boldsymbol{B}_{1r}\\ \vdots & & \vdots\\ \boldsymbol{B}_{t1} & \cdots & \boldsymbol{B}_{tr}\end{pmatrix},$$

其中 $\boldsymbol{A}_{i1},\cdots,\boldsymbol{A}_{it}$ 的列数分别等于 $\boldsymbol{B}_{1j},\cdots,\boldsymbol{B}_{tj}$ 的行数,则有

$$\boldsymbol{AB}=\begin{pmatrix}\boldsymbol{C}_{11} & \cdots & \boldsymbol{C}_{1r}\\ \vdots & & \vdots\\ \boldsymbol{C}_{s1} & \cdots & \boldsymbol{C}_{sr}\end{pmatrix},$$

其中 $\boldsymbol{C}_{ij}=\sum\limits_{k=1}^{t}\boldsymbol{A}_{ik}\boldsymbol{B}_{kj}\,(i=1,2,\cdots,s;\ j=1,2,\cdots,r)$.

例 2.19 设 $\boldsymbol{A}=\begin{pmatrix}1 & 2 & 1 & 0\\ 0 & 1 & 0 & 1\\ 0 & 0 & 1 & 2\\ 0 & 0 & 0 & 1\end{pmatrix}$,$\boldsymbol{B}=\begin{pmatrix}1 & 0 & 1 & 2\\ 0 & 1 & 0 & 1\\ 0 & 0 & 1 & 2\\ 0 & 0 & 0 & 1\end{pmatrix}$,求 $\boldsymbol{AB}$.

解 把 $\boldsymbol{A},\boldsymbol{B}$ 分块为

$$\boldsymbol{A}=\left(\begin{array}{cc:cc}1&2&1&0\\0&1&0&1\\ \hdashline 0&0&1&2\\0&0&0&1\end{array}\right)=\begin{pmatrix}\boldsymbol{A}_1&\boldsymbol{E}\\ \boldsymbol{O}&\boldsymbol{A}_1\end{pmatrix},$$

$$\boldsymbol{B}=\left(\begin{array}{cc:cc}1&0&1&2\\0&1&0&1\\ \hdashline 0&0&1&2\\0&0&0&1\end{array}\right)=\begin{pmatrix}\boldsymbol{E}&\boldsymbol{A}_1\\ \boldsymbol{O}&\boldsymbol{A}_1\end{pmatrix},$$

则

$$\boldsymbol{AB}=\begin{pmatrix}\boldsymbol{A}_1&\boldsymbol{E}\\ \boldsymbol{O}&\boldsymbol{A}_1\end{pmatrix}\begin{pmatrix}\boldsymbol{E}&\boldsymbol{A}_1\\ \boldsymbol{O}&\boldsymbol{A}_1\end{pmatrix}=\begin{pmatrix}\boldsymbol{A}_1&\boldsymbol{A}_1\boldsymbol{A}_1+\boldsymbol{A}_1\\ \boldsymbol{O}&\boldsymbol{A}_1\boldsymbol{A}_1\end{pmatrix},$$

其中

$$\boldsymbol{A}_1\boldsymbol{A}_1=\begin{pmatrix}1&2\\0&1\end{pmatrix}\begin{pmatrix}1&2\\0&1\end{pmatrix}=\begin{pmatrix}1&4\\0&1\end{pmatrix},$$

$$\boldsymbol{A}_1\boldsymbol{A}_1+\boldsymbol{A}_1=\begin{pmatrix}1&4\\0&1\end{pmatrix}+\begin{pmatrix}1&2\\0&1\end{pmatrix}=\begin{pmatrix}2&6\\0&2\end{pmatrix},$$

故

$$\boldsymbol{AB}=\begin{pmatrix}1&2&2&6\\0&1&0&2\\0&0&1&4\\0&0&0&1\end{pmatrix}.$$

例 2.20 设 $\boldsymbol{A}$ 是 $m\times s$ 矩阵，$\boldsymbol{B}$ 是 $s\times n$ 矩阵，若 $\boldsymbol{A}$ 取成 1×1 分块矩阵，$\boldsymbol{B}$ 按列分块为 $1\times n$ 矩阵 $\boldsymbol{B}=(\boldsymbol{B}_1,\cdots,\boldsymbol{B}_n)$，则 $\boldsymbol{AB}=\boldsymbol{A}(\boldsymbol{B}_1,\cdots,\boldsymbol{B}_n)=(\boldsymbol{AB}_1,\cdots,\boldsymbol{AB}_n)$；若 $\boldsymbol{A}$ 按行分块为 $m\times 1$ 矩阵，$\boldsymbol{B}$ 取成 1×1 分块矩阵 $\boldsymbol{A}=\begin{pmatrix}\boldsymbol{A}_1\\ \vdots\\ \boldsymbol{A}_m\end{pmatrix}$，则 $\boldsymbol{AB}=\begin{pmatrix}\boldsymbol{A}_1\\ \vdots\\ \boldsymbol{A}_m\end{pmatrix}\boldsymbol{B}=\begin{pmatrix}\boldsymbol{A}_1\boldsymbol{B}\\ \vdots\\ \boldsymbol{A}_m\boldsymbol{B}\end{pmatrix}$.

4. 分块矩阵的转置

设 $\boldsymbol{A}=\begin{pmatrix}\boldsymbol{A}_{11}&\cdots&\boldsymbol{A}_{1r}\\ \vdots&&\vdots\\ \boldsymbol{A}_{s1}&\cdots&\boldsymbol{A}_{sr}\end{pmatrix}$，则 $\boldsymbol{A}^{\mathrm{T}}=\begin{pmatrix}\boldsymbol{A}_{11}^{\mathrm{T}}&\cdots&\boldsymbol{A}_{s1}^{\mathrm{T}}\\ \vdots&&\vdots\\ \boldsymbol{A}_{1r}^{\mathrm{T}}&\cdots&\boldsymbol{A}_{sr}^{\mathrm{T}}\end{pmatrix}$.

2.4.3 分块对角矩阵

当 n 阶方阵 $\boldsymbol{A}$ 中非零元素都集中在主对角线附近时，可以将 $\boldsymbol{A}$ 分块为

$$\boldsymbol{A}=\begin{pmatrix}\boldsymbol{A}_1 & & \\ & \ddots & \\ & & \boldsymbol{A}_s\end{pmatrix},$$

其中 $\boldsymbol{A}_i$ 为 r_i 阶方阵($i=1,2,\cdots,s$; $r_1+\cdots+r_s=n$). 以上形式的矩阵 $\boldsymbol{A}$ 称为**分块对角矩阵**. 例如

$$\left(\begin{array}{ccc:ccc} a_{11} & \cdots & a_{1k} & & & \\ \vdots & & \vdots & & & \\ a_{k1} & \cdots & a_{kk} & & & \\ \hdashline & & & b_{11} & \cdots & b_{1m} \\ & & & \vdots & & \vdots \\ & & & b_{m1} & \cdots & b_{mm} \end{array}\right)=\begin{pmatrix}\boldsymbol{A} & \\ & \boldsymbol{B}\end{pmatrix}.$$

分块对角矩阵 $\boldsymbol{A}=\begin{pmatrix}\boldsymbol{A}_1 & & \\ & \ddots & \\ & & \boldsymbol{A}_s\end{pmatrix}$ 具有以下性质($\boldsymbol{A}_i$ 均为方阵,$i=1,2,\cdots,s$):

(1) $|\boldsymbol{A}|=|\boldsymbol{A}_1|\cdots|\boldsymbol{A}_s|$;

(2) $\boldsymbol{A}^{-1}=\begin{pmatrix}\boldsymbol{A}_1^{-1} & & \\ & \ddots & \\ & & \boldsymbol{A}_s^{-1}\end{pmatrix}$,其中 $\boldsymbol{A}_i$($i=1,2,\cdots,s$)均可逆.

例 2.21 若 n 阶方阵 $\boldsymbol{A},\boldsymbol{B}$ 分块成同型分块对角矩阵,即

$$\boldsymbol{A}=\begin{pmatrix}\boldsymbol{A}_1 & & \\ & \ddots & \\ & & \boldsymbol{A}_s\end{pmatrix},\quad \boldsymbol{B}=\begin{pmatrix}\boldsymbol{B}_1 & & \\ & \ddots & \\ & & \boldsymbol{B}_s\end{pmatrix},$$

则

$$\boldsymbol{AB}=\begin{pmatrix}\boldsymbol{A}_1\boldsymbol{B}_1 & & \\ & \ddots & \\ & & \boldsymbol{A}_s\boldsymbol{B}_s\end{pmatrix},$$

其中 $\boldsymbol{A}_i,\boldsymbol{B}_i$($i=1,2,\cdots,s$)分别为同阶方阵.

例 2.22 设 $\boldsymbol{A}=\begin{pmatrix}3 & 2 & & \\ 2 & 1 & & \\ & & 2 & 5 \\ & & 1 & 3\end{pmatrix}$,求 $\boldsymbol{A}^{-1}$.

解 把 $\boldsymbol{A}$ 分块为 $\boldsymbol{A}=\begin{pmatrix}3 & 2 & & \\ 2 & 1 & & \\ & & 2 & 5 \\ & & 1 & 3\end{pmatrix}=\begin{pmatrix}\boldsymbol{A}_1 & \\ & \boldsymbol{A}_2\end{pmatrix}$. 由于 $|\boldsymbol{A}_1||\boldsymbol{A}_2|\neq 0$,所以 $\boldsymbol{A}_1$,

A_2 可逆，且 $A_1^{-1}=\begin{pmatrix}-1 & 2\\ 2 & -3\end{pmatrix}$，$A_2^{-1}=\begin{pmatrix}3 & -5\\ -1 & 2\end{pmatrix}$，故

$$A^{-1}=\begin{pmatrix}-1 & 2 & & \\ 2 & -3 & & \\ & & 3 & -5\\ & & -1 & 2\end{pmatrix}.$$

2.5　矩阵的秩

2.5.1　矩阵秩的定义

在矩阵 $A=(a_{ij})_{m\times n}$ 中任选 r 行($1\leqslant i_1<i_2<\cdots<i_r\leqslant m$)、$r$ 列($1\leqslant j_1<j_2<\cdots<j_r\leqslant n$)，$1\leqslant r\leqslant \min\{m,n\}$，由这 r 行、r 列的交点上的 r^2 个元素按原顺序排成的 r 阶行列式

$$D_r=\begin{vmatrix}a_{i_1j_1} & \cdots & a_{i_1j_r}\\ \vdots & & \vdots\\ a_{i_rj_1} & \cdots & a_{i_rj_r}\end{vmatrix}$$

称为 A 的 r **阶子式**. 当 $i_1=j_1,\cdots,i_r=j_r$ 时，D_r 称为 A 的 r **阶主子式**.

$m\times n$ 矩阵 A 的 k 阶子式共有 $C_m^k\cdot C_n^k$ 个.

定义 2.15　设矩阵 A 中有一个不为零的 r 阶子式 D，且所有 $r+1$ 阶子式(如果存在的话)全为零，则 D 称为 A 的最高阶非零子式，数 r 称为 A 的秩，记为 $R(A)$. 并规定零矩阵的秩为零.

显然，当矩阵 A 中有一个 r 阶子式不为零时，$R(A)\geqslant r$；当矩阵 A 中所有 r 阶子式全为零时，$R(A)<r$.

例 2.23　求矩阵 $A=\begin{pmatrix}5 & 4 & 5 & 11 & 11\\ 15 & 13 & 17 & 36 & 36\\ 15 & 13 & 18 & 38 & 38\\ 5 & 5 & 8 & 16 & 16\end{pmatrix}$ 的秩.

解　由于 A 是一个 4×5 矩阵，所以从四阶子式开始验证，一直到求出一个非零子式为止. A 有 5 个四阶子式，而这些四阶子式均为零；往下验证三阶子式. 由于

$$\begin{vmatrix}5 & 4 & 5\\ 15 & 13 & 17\\ 15 & 13 & 18\end{vmatrix}=\begin{vmatrix}5 & 4 & 5\\ 0 & 1 & 2\\ 0 & 0 & 1\end{vmatrix}=5\neq 0,$$

故 $R(A)=3$.

例 2.24 设分块矩阵 $\boldsymbol{A}=\begin{pmatrix}\boldsymbol{A}_1 & \boldsymbol{A}_2\\ \boldsymbol{A}_3 & \boldsymbol{A}_4\end{pmatrix}$,试比较矩阵 $\boldsymbol{A}$ 的秩与子块 $\boldsymbol{A}_1$ 的秩之间的关系.

解 由于子块 $\boldsymbol{A}_1$ 的非零子式的最高阶数不可能超过 $\boldsymbol{A}$ 的非零子式的最高阶数,故 $\mathrm{R}(\boldsymbol{A}_1)\leqslant \mathrm{R}(\boldsymbol{A})$.

2.5.2 利用初等变换求矩阵的秩

定理 2.5 若 $\boldsymbol{A}\sim\boldsymbol{B}$,则 $\mathrm{R}(\boldsymbol{A})=\mathrm{R}(\boldsymbol{B})$.

定理 2.5 说明了初等变换不会改变矩阵的秩. 利用定理 2.5,可以得到一个求矩阵的秩的方法:

(1) 对 $\boldsymbol{A}$ 施行初等行变换将其化为行阶梯矩阵;

(2) 行阶梯矩阵的非零行的个数即为矩阵 $\boldsymbol{A}$ 的秩.

例 2.25 求矩阵 $\boldsymbol{A}=\begin{pmatrix}1&0&1&0\\0&1&0&1\\1&1&1&1\\0&1&1&1\end{pmatrix}$ 的秩.

解 对 $\boldsymbol{A}$ 作初等行变换将其化为行阶梯矩阵,即

$$\boldsymbol{A}=\begin{pmatrix}1&0&1&0\\0&1&0&1\\1&1&1&1\\0&1&1&1\end{pmatrix}\underset{r_4-r_2}{\overset{r_3-r_1-r_2}{\sim}}\begin{pmatrix}1&0&1&0\\0&1&0&1\\0&0&0&0\\0&0&1&0\end{pmatrix}\overset{r_4\leftrightarrow r_3}{\sim}\begin{pmatrix}1&0&1&0\\0&1&0&1\\0&0&1&0\\0&0&0&0\end{pmatrix},$$

非零行的个数为 3,$\mathrm{R}(\boldsymbol{A})=3$.

推论 2.4 设 $\boldsymbol{A}$ 为 $m\times n$ 矩阵,$\boldsymbol{P},\boldsymbol{Q}$ 分别为 m 阶、n 阶可逆矩阵,则

$$\mathrm{R}(\boldsymbol{A})=\mathrm{R}(\boldsymbol{PA})=\mathrm{R}(\boldsymbol{AQ})=\mathrm{R}(\boldsymbol{PAQ}).$$

推论 2.5 设 $\mathrm{R}(\boldsymbol{A})=r$,则 $\boldsymbol{A}\sim\begin{pmatrix}\boldsymbol{E}_r & \boldsymbol{O}\\ \boldsymbol{O} & \boldsymbol{O}\end{pmatrix}$.

定理 2.6 $\mathrm{R}(\boldsymbol{A})=\mathrm{R}(\boldsymbol{A}^{\mathrm{T}})$.

定理 2.7 n 阶方阵 $\boldsymbol{A}$ 的秩等于 n 的充要条件为 $\boldsymbol{A}$ 非奇异.

若 n 阶方阵 $\boldsymbol{A}$ 的秩等于 n，则 $\boldsymbol{A}$ 称为**满秩矩阵**.

2.5.3* 矩阵秩的运算

定理 2.8 $\mathrm{R}(\boldsymbol{A})+\mathrm{R}(\boldsymbol{B})\leqslant\mathrm{R}\begin{pmatrix}\boldsymbol{A}&\boldsymbol{O}\\\boldsymbol{D}&\boldsymbol{B}\end{pmatrix}\leqslant\mathrm{R}(\boldsymbol{A})+\mathrm{R}(\boldsymbol{B})+\mathrm{R}(\boldsymbol{D})$，

或

$$\mathrm{R}(\boldsymbol{A})+\mathrm{R}(\boldsymbol{B})\leqslant\mathrm{R}\begin{pmatrix}\boldsymbol{A}&\boldsymbol{D}\\\boldsymbol{O}&\boldsymbol{B}\end{pmatrix}\leqslant\mathrm{R}(\boldsymbol{A})+\mathrm{R}(\boldsymbol{B})+\mathrm{R}(\boldsymbol{D}).$$

推论 2.6 $\mathrm{R}(\boldsymbol{A})+\mathrm{R}(\boldsymbol{B})=\mathrm{R}\begin{pmatrix}\boldsymbol{A}&\boldsymbol{O}\\\boldsymbol{O}&\boldsymbol{B}\end{pmatrix}$.

推论 2.7 $\mathrm{R}(\boldsymbol{A}+\boldsymbol{B})\leqslant\mathrm{R}(\boldsymbol{A})+\mathrm{R}(\boldsymbol{B})$.

推论 2.8 设 $\boldsymbol{A}$ 为 $m\times k$ 矩阵，$\boldsymbol{B}$ 为 $k\times n$ 矩阵，则

$$\mathrm{R}(\boldsymbol{A})+\mathrm{R}(\boldsymbol{B})-k\leqslant\mathrm{R}(\boldsymbol{AB})\leqslant\min\{\mathrm{R}(\boldsymbol{A}),\mathrm{R}(\boldsymbol{B})\}.$$

例 2.26 设 $\boldsymbol{A}$ 为 n 阶方阵，且 $\boldsymbol{A}^2=\boldsymbol{A}$，证明 $\mathrm{R}(\boldsymbol{A})+\mathrm{R}(\boldsymbol{A}-\boldsymbol{E})=n$.

证 由于

$$\begin{aligned}n&=\mathrm{R}(\boldsymbol{A}+\boldsymbol{E}-\boldsymbol{A})\\&\leqslant\mathrm{R}(\boldsymbol{A})+\mathrm{R}(\boldsymbol{E}-\boldsymbol{A})\\&\leqslant\mathrm{R}(\boldsymbol{A}(\boldsymbol{E}-\boldsymbol{A}))+n\\&=\mathrm{R}(\boldsymbol{A}-\boldsymbol{A}^2)+n\\&=n,\end{aligned}$$

故

$$\mathrm{R}(\boldsymbol{A})+\mathrm{R}(\boldsymbol{A}-\boldsymbol{E})=n.$$

习题二

1. 设 $\boldsymbol{A}=\begin{pmatrix}1&2&1\\2&-1&0\\1&0&0\end{pmatrix}$，$\boldsymbol{B}=\begin{pmatrix}0&2&0\\2&1&2\\0&2&1\end{pmatrix}$，求 $\boldsymbol{AB}-(\boldsymbol{BA})^{\mathrm{T}}$.

2. 解矩阵方程 $2\boldsymbol{X}+\begin{pmatrix}0\\1\\1\end{pmatrix}=\begin{pmatrix}5\\2\\4\end{pmatrix}+3\boldsymbol{X}$.

3. 计算下列各式：

(1) $(1,2,3)\begin{pmatrix}3\\2\\1\end{pmatrix}$；　　(2) $\begin{pmatrix}1&0&1\\3&2&0\\-1&1&2\end{pmatrix}\begin{pmatrix}1\\-1\\2\end{pmatrix}$；

(3) $\begin{pmatrix} a & 0 & 0 \\ 0 & b & 0 \\ 0 & 0 & c \end{pmatrix}\begin{pmatrix} 1 & 0 & 0 \\ 0 & 2 & 0 \\ 0 & 0 & 3 \end{pmatrix}$;　　(4) $(x,y,z)\begin{pmatrix} a_{11} & a_{12} & a_{13} \\ a_{12} & a_{22} & a_{23} \\ a_{13} & a_{23} & a_{33} \end{pmatrix}\begin{pmatrix} x \\ y \\ z \end{pmatrix}$;

(5) $\begin{pmatrix} 1 & 0 \\ 1 & 1 \end{pmatrix}^n$;　　(6) $\begin{pmatrix} \lambda & 1 & 0 \\ 0 & \lambda & 1 \\ 0 & 0 & \lambda \end{pmatrix}^n$, n 为正整数.

4. 判断下列命题的真假,若命题为真,说明理由;若命题为假,给出反例.

(1) 若 $\boldsymbol{A}^2=\boldsymbol{O}$,则 $\boldsymbol{A}=\boldsymbol{O}$;

(2) 若 $\boldsymbol{A}^2=\boldsymbol{A}$,则 $\boldsymbol{A}=\boldsymbol{O}$ 或 $\boldsymbol{A}=\boldsymbol{E}$;

(3) 若 $\boldsymbol{AX}=\boldsymbol{AY}$,且 $\boldsymbol{A}\neq\boldsymbol{O}$,则 $\boldsymbol{X}=\boldsymbol{Y}$.

5. 举例说明下列结论是错误的:

(1) $(\boldsymbol{A}+\boldsymbol{B})^2=\boldsymbol{A}^2+2\boldsymbol{AB}+\boldsymbol{B}^2$ 恒成立;

(2) $(\boldsymbol{A}+\boldsymbol{B})(\boldsymbol{A}-\boldsymbol{B})=\boldsymbol{A}^2-\boldsymbol{B}^2$ 恒成立;

(3) 若矩阵 $\boldsymbol{A},\boldsymbol{B}$ 可逆,则 $\boldsymbol{A}+\boldsymbol{B}$ 可逆;

(4) 若矩阵 $\boldsymbol{AB}$ 可逆,则 $\boldsymbol{A}-\boldsymbol{B}$ 可逆.

6. 设 $\begin{pmatrix} a & b \\ b & a \end{pmatrix}$,计算 $|2\boldsymbol{A}\boldsymbol{A}^{\mathrm{T}}|$.

7. 设 $\boldsymbol{A},\boldsymbol{B}$ 是 n 阶方阵,且 $\boldsymbol{A}$ 是对称矩阵,证明 $\boldsymbol{B}^{\mathrm{T}}\boldsymbol{AB}$ 也是对称矩阵.

8. 求下列矩阵的逆矩阵.

(1) $\begin{pmatrix} 1 & 2 & 1 \\ 2 & 1 & 0 \\ 1 & 0 & 1 \end{pmatrix}$;　　(2) $\begin{pmatrix} 1 & 2 & 3 & 4 \\ 0 & 1 & 2 & 3 \\ 0 & 0 & 1 & 2 \\ 0 & 0 & 0 & 1 \end{pmatrix}$;

(3) $\begin{pmatrix} 0 & 0 & 1 & 4 \\ 0 & 0 & 3 & 2 \\ 1 & 0 & 0 & 0 \\ 0 & 1 & 0 & 0 \end{pmatrix}$;　　(4) $\begin{pmatrix} 1 & 0 & 1 & 4 \\ 0 & 1 & -1 & 2 \\ 0 & 0 & 2 & 1 \\ 0 & 0 & -1 & 1 \end{pmatrix}$.

9. 设方阵 $\boldsymbol{A}$ 满足 $\boldsymbol{A}+\boldsymbol{B}=\boldsymbol{AB}$,且 $\boldsymbol{B}=\begin{pmatrix} 1 & -3 & 0 \\ 2 & 1 & 0 \\ 0 & 0 & 2 \end{pmatrix}$,求 $\boldsymbol{A}$.

10. 设 $\boldsymbol{A}$ 是三阶方阵,且 $|\boldsymbol{A}|=3$,求 $|(2\boldsymbol{A})^{-1}-3\boldsymbol{A}^*|$.

11. 设方阵 $\boldsymbol{A}$ 满足 $\boldsymbol{A}^k=\boldsymbol{O}$($k$ 是正整数),证明:

$$(\boldsymbol{E}-\boldsymbol{A})^{-1}=\boldsymbol{E}+\boldsymbol{A}+\boldsymbol{A}^2+\cdots+\boldsymbol{A}^{k-1}.$$

12. 计算 $\begin{pmatrix} 0 & 0 & 1 \\ 0 & 1 & 0 \\ 1 & 0 & 0 \end{pmatrix}^{10}\begin{pmatrix} a_{11} & a_{12} & a_{13} \\ a_{21} & a_{22} & a_{23} \\ a_{31} & a_{32} & a_{33} \end{pmatrix}\begin{pmatrix} 0 & 0 & 1 \\ 0 & 1 & 0 \\ 1 & 0 & 0 \end{pmatrix}^{11}$.

13. 设 $\boldsymbol{A}$ 是三阶可逆方阵，将 $\boldsymbol{A}$ 的第一列和第三列对换得到的矩阵记为 $\boldsymbol{B}$，证明 $\boldsymbol{B}$ 可逆，并求出 $\boldsymbol{B}^{-1}\boldsymbol{A}$.

14. 解下列矩阵方程：

(1) $\begin{pmatrix}1&2\\2&1\end{pmatrix}\boldsymbol{X}=\begin{pmatrix}1&2\\-1&0\end{pmatrix}$；　(2) $\boldsymbol{X}\begin{pmatrix}0&2&1\\2&-1&3\\-3&3&-4\end{pmatrix}=\begin{pmatrix}1&2&3\\2&-3&1\end{pmatrix}$；

(3) $\begin{pmatrix}1&1&-2\\2&2&1\\3&1&-1\end{pmatrix}\boldsymbol{X}=\begin{pmatrix}1&-3\\2&2\\3&-1\end{pmatrix}$；

(4) $\begin{pmatrix}1&0&0\\1&2&1\\0&1&-1\end{pmatrix}\boldsymbol{X}\begin{pmatrix}1&1&3\\1&2&1\\2&1&0\end{pmatrix}=\begin{pmatrix}2&1&0\\-1&3&1\\0&-1&4\end{pmatrix}$.

15. 求下列矩阵的秩：

(1) $\boldsymbol{A}=\begin{pmatrix}1&2&2\\1&-1&-2\\1&4&-1\end{pmatrix}$；　(2) $\boldsymbol{A}=\begin{pmatrix}1&2&3\\3&3&-5\\4&7&1\end{pmatrix}$；

(3) $\boldsymbol{A}=\begin{pmatrix}1&3&-2&2\\0&2&-1&3\\-2&0&1&5\end{pmatrix}$.

16. 如果 $\mathrm{R}(\boldsymbol{A})=r$，问矩阵 $\boldsymbol{A}$ 中能否有等于零的 $r-1$ 阶子式？能否有等于零的 r 阶子式？能否有不等于零的 $r+1$ 阶子式？

17. 已知 $\boldsymbol{A}=\begin{pmatrix}1&1&a&2\\2&3&5&4\\0&1&1&2\\1&2&0&4\end{pmatrix}$ 的秩为 3，求 a 的值.

18. 确定参数 a，使得矩阵 $\boldsymbol{A}=\begin{pmatrix}1&0&1\\1&2&a\\1&a&2\end{pmatrix}$ 的秩最小.

19. $\boldsymbol{A}=\begin{pmatrix}1&-2&2&-1\\2&-4&8&0\\-2&4&-2&3\\3&-6&0&-6\end{pmatrix}$，$\boldsymbol{b}=\begin{pmatrix}1\\2\\3\\4\end{pmatrix}$，求矩阵 $\boldsymbol{A}$ 及矩阵 $\boldsymbol{B}=(\boldsymbol{A},\boldsymbol{b})$ 的秩.

20. 设 $\boldsymbol{A},\boldsymbol{B}$ 均为 n 阶可逆方阵，$\boldsymbol{A}$ 的伴随矩阵为 $\boldsymbol{A}^*$，证明：

(1) $|\boldsymbol{A}^*|=|\boldsymbol{A}|^{n-1}$；

(2) $(\boldsymbol{AB})^*=\boldsymbol{B}^*\boldsymbol{A}^*$；

(3) $(\boldsymbol{A}^*)^*=|\boldsymbol{A}|^{n-2}\boldsymbol{A}$.

第3章

向量组及其线性相关性

向量组理论是矩阵理论的深入和发展. 本章主要研究向量之间的线性关系、向量组的秩等概念,讨论怎样利用矩阵的秩来研究向量组的线性相关性和向量组的秩,最后简单介绍一下向量空间.

3.1 n 维向量及其线性运算

3.1.1 n 维向量的定义

定义 3.1 由 n 个数组成的有序数组$(a_1, a_2, \cdots, a_n)$称为 n 维向量,其中 a_i 称为该向量的第 i 个分量(或坐标). 常用希腊字母$\boldsymbol{\alpha}$, $\boldsymbol{\beta}$等表示向量.

分量全为实数的向量称为**实向量**,分量为复数的向量称为**复向量**. 除特别说明外,本书讨论的向量均为实向量.

向量可以写成一行,也可以写成一列. 与行矩阵及列矩阵相对应,分别称为**行向量**和**列向量**,并规定行向量遵循行矩阵的运算法则,列向量遵循列矩阵的运算法则.

因此,n 维行向量$\boldsymbol{\alpha}^{\mathrm{T}} = (a_1, a_2, \cdots, a_n)$与 n 维列向量$\boldsymbol{\alpha} = \begin{pmatrix} a_1 \\ a_2 \\ \vdots \\ a_n \end{pmatrix}$是两个不同的向量. 除特别说明外,本书讨论的向量均为列向量.

分量全为零的向量称为**零向量**,记为 $\mathbf{0}$. 但需注意,维数不同的零向量是不同的向量.

向量$\boldsymbol{\alpha} = \begin{pmatrix} a_1 \\ a_2 \\ \vdots \\ a_n \end{pmatrix}$的各分量的相反数组成的向量,称为$\boldsymbol{\alpha}$ 的**负向量**,记为$-\boldsymbol{\alpha}$,即

$$-\boldsymbol{\alpha}=\begin{pmatrix}-a_1\\-a_2\\\vdots\\-a_n\end{pmatrix}.$$

定义 3.2 设向量$\boldsymbol{\alpha}=\begin{pmatrix}a_1\\a_2\\\vdots\\a_n\end{pmatrix}$,$\boldsymbol{\beta}=\begin{pmatrix}b_1\\b_2\\\vdots\\b_n\end{pmatrix}$,若满足 $a_i=b_i(i=1,2,\cdots,n)$,则称$\boldsymbol{\alpha}$与$\boldsymbol{\beta}$相等,记为$\boldsymbol{\alpha}=\boldsymbol{\beta}$.

n 维向量是解析几何中空间向量概念的推广,人们常见的二维向量和三维向量有明确的几何意义. 当 $n>3$ 时,n 维向量没有直观的几何对应,但在数学和其他学科中,n 维向量具有明确的概念并且有着广泛的应用.

例 3.1 (1) 一批零件发运到 n 个地区的数量为 $x_1,x_2,\cdots,x_n$,这些数量可以记为一个 n 维向量$\boldsymbol{\alpha}=(x_1,x_2,\cdots,x_n)^{\mathrm{T}}$;

(2) 一个球的球心坐标为 x_0,y_0,z_0,直径为 d,这个球可以用一个四维向量$\boldsymbol{\alpha}=(x_0,y_0,z_0,d)^{\mathrm{T}}$ 来表示;

(3) 矩阵 $\boldsymbol{A}_{m\times n}=(a_{ij})_{m\times n}$的每一列$\boldsymbol{\beta}_j=(a_{1j},a_{2j},\cdots,a_{mj})^{\mathrm{T}}$ 都是 m 维列向量($j=1,2,\cdots,n$).

由此可见,n 维向量的概念是客观事物在数量上的一种抽象.

3.1.2 向量的线性运算

1. 向量的加法

定义 3.3 设$\boldsymbol{\alpha}=(a_1,a_2,\cdots,a_n)^{\mathrm{T}}$,$\boldsymbol{\beta}=(b_1,b_2,\cdots,b_n)^{\mathrm{T}}$ 为两个 n 维向量,向量$(a_1+b_1,a_2+b_2,\cdots,a_n+b_n)^{\mathrm{T}}$ 称为$\boldsymbol{\alpha}$与$\boldsymbol{\beta}$的和,记为$\boldsymbol{\alpha}+\boldsymbol{\beta}$,即

$$\boldsymbol{\alpha}+\boldsymbol{\beta}=(a_1+b_1,a_2+b_2,\cdots,a_n+b_n)^{\mathrm{T}}.$$

利用负向量的概念还可以定义向量的减法,即

$$\boldsymbol{\alpha}-\boldsymbol{\beta}=\boldsymbol{\alpha}+(-\boldsymbol{\beta}).$$

注 3.1 只有当两个向量的维数相同时,才能进行加法和减法运算.

2. 数与向量的乘法

定义 3.4 设 k 为数,$\boldsymbol{\alpha}=(a_1,a_2,\cdots,a_n)^{\mathrm{T}}$ 为一个 n 维向量,向量$(ka_1,ka_2,\cdots,ka_n)^{\mathrm{T}}$ 称为数 k 与向量$\boldsymbol{\alpha}$ 的乘积,记为 $k\boldsymbol{\alpha}$ 或$\boldsymbol{\alpha}k$,即

$$k\boldsymbol{\alpha}=(ka_1,ka_2,\cdots,ka_n)^{\mathrm{T}}.$$

向量的加法运算和数与向量的乘法运算统称为**向量的线性运算**.

3. 线性运算的性质

向量的线性运算满足以下八条运算规律($\boldsymbol{\alpha},\boldsymbol{\beta},\boldsymbol{\gamma}$为维数相等的向量,$k,l$为数):

(1) $\boldsymbol{\alpha}+\boldsymbol{\beta}=\boldsymbol{\beta}+\boldsymbol{\alpha}$;

(2) $\boldsymbol{\alpha}+(\boldsymbol{\beta}+\boldsymbol{\gamma})=(\boldsymbol{\alpha}+\boldsymbol{\beta})+\boldsymbol{\gamma}$;

(3) $\boldsymbol{\alpha}+\mathbf{0}=\mathbf{0}+\boldsymbol{\alpha}=\boldsymbol{\alpha}$;

(4) $\boldsymbol{\alpha}+(-\boldsymbol{\alpha})=\mathbf{0}$;

(5) $1\boldsymbol{\alpha}=\boldsymbol{\alpha}$;

(6) $(kl)\boldsymbol{\alpha}=k(l\boldsymbol{\alpha})=l(k\boldsymbol{\alpha})$;

(7) $(k+l)\boldsymbol{\alpha}=k\boldsymbol{\alpha}+l\boldsymbol{\alpha}$;

(8) $k(\boldsymbol{\alpha}+\boldsymbol{\beta})=k\boldsymbol{\alpha}+k\boldsymbol{\beta}$.

例 3.2 设向量$\boldsymbol{\alpha}=(1,0,2,3)^{\mathrm{T}},\boldsymbol{\beta}=(-2,1,-2,0)^{\mathrm{T}}$,求满足$\boldsymbol{\alpha}+2\boldsymbol{\beta}-3\boldsymbol{\gamma}=\mathbf{0}$的向量$\boldsymbol{\gamma}$.

解 由$\boldsymbol{\alpha}+2\boldsymbol{\beta}-3\boldsymbol{\gamma}=\mathbf{0}$,有

$$\begin{aligned}\boldsymbol{\gamma}&=\frac{1}{3}(\boldsymbol{\alpha}+2\boldsymbol{\beta})\\&=\frac{1}{3}[(1,0,2,3)^{\mathrm{T}}+2(-2,1,-2,0)^{\mathrm{T}}]\\&=\left(-1,\frac{2}{3},-\frac{2}{3},1\right)^{\mathrm{T}}.\end{aligned}$$

3.2 向量组的线性相关性

若干个相同维数的行向量(或列向量)所组成的集合称为一个**向量组**,一般可用大写字母A,B等表示.

3.2.1 向量的线性组合与线性表示

由平面解析几何知,若$\boldsymbol{\alpha},\boldsymbol{\beta}$为平面上两个不平行的非零向量,则平面上任一向量$\boldsymbol{\gamma}$可由$\boldsymbol{\alpha},\boldsymbol{\beta}$表示为$\boldsymbol{\gamma}=k_1\boldsymbol{\alpha}+k_2\boldsymbol{\beta}\ (k_1,k_2\in\mathbb{R})$,称$\boldsymbol{\gamma}$能由$\boldsymbol{\alpha},\boldsymbol{\beta}$线性表示或$\boldsymbol{\gamma}$是$\boldsymbol{\alpha},\boldsymbol{\beta}$的线性组合. 一般地,我们有下面的定义.

定义 3.5 给定向量组A:$\boldsymbol{\alpha}_1,\boldsymbol{\alpha}_2,\cdots,\boldsymbol{\alpha}_m$和向量$\boldsymbol{\beta}$,若存在一组数$k_1,k_2,\cdots,k_m$,使得

$$\boldsymbol{\beta}=k_1\boldsymbol{\alpha}_1+k_2\boldsymbol{\alpha}_2+\cdots+k_m\boldsymbol{\alpha}_m,$$

则称向量$\boldsymbol{\beta}$是向量组A的线性组合,或称向量$\boldsymbol{\beta}$可由向量组A线性表示.

例 3.3 零向量是任意相同维数的向量组的线性组合.

例 3.4 设n维向量组为

E: $\boldsymbol{\varepsilon}_1=(1,0,0,\cdots,0)^{\mathrm{T}}$,　$\boldsymbol{\varepsilon}_2=(0,1,0,\cdots,0)^{\mathrm{T}},\cdots,\boldsymbol{\varepsilon}_n=(0,0,0,\cdots,1)^{\mathrm{T}}$，
则任意一个 n 维向量 $\boldsymbol{x}=(x_1,x_2,\cdots,x_n)^{\mathrm{T}}$ 均可由向量组 E 线性表示为

$$\boldsymbol{x}=x_1\boldsymbol{\varepsilon}_1+x_2\boldsymbol{\varepsilon}_2+\cdots+x_n\boldsymbol{\varepsilon}_n,$$

向量组 E 称为 **n 维单位坐标向量组**，$\boldsymbol{\varepsilon}_i(i=1,2,\cdots,n)$称为 **$n$ 维单位坐标向量**.

例 3.5　设向量$\boldsymbol{\alpha}_1=(1,2,3)^{\mathrm{T}},\boldsymbol{\alpha}_2=(2,3,1)^{\mathrm{T}},\boldsymbol{\alpha}_3=(3,1,2)^{\mathrm{T}},\boldsymbol{\beta}=(0,4,2)^{\mathrm{T}}$，试问向量$\boldsymbol{\beta}$能否由向量组$\boldsymbol{\alpha}_1,\boldsymbol{\alpha}_2,\boldsymbol{\alpha}_3$线性表示？若能，写出其表示式.

解　令$\boldsymbol{\beta}=k_1\boldsymbol{\alpha}_1+k_2\boldsymbol{\alpha}_2+k_3\boldsymbol{\alpha}_3$，即

$$\begin{pmatrix}0\\4\\2\end{pmatrix}=k_1\begin{pmatrix}1\\2\\3\end{pmatrix}+k_2\begin{pmatrix}2\\3\\1\end{pmatrix}+k_3\begin{pmatrix}3\\1\\2\end{pmatrix},$$

由此得线性方程组

$$\begin{cases}k_1+2k_2+3k_3=0,\\2k_1+3k_2+k_3=4,\\3k_1+k_2+2k_3=2,\end{cases}$$

因系数行列式 $D=\begin{vmatrix}1&2&3\\2&3&1\\3&1&2\end{vmatrix}=-18\neq0$，由克莱姆法则求出 $k_1=k_2=1,k_3=-1$，故向量$\boldsymbol{\beta}$能由向量组$\boldsymbol{\alpha}_1,\boldsymbol{\alpha}_2,\boldsymbol{\alpha}_3$线性表示，且$\boldsymbol{\beta}=\boldsymbol{\alpha}_1+\boldsymbol{\alpha}_2-\boldsymbol{\alpha}_3$.

定理 3.1　向量$\boldsymbol{\beta}$可由向量组A：$\boldsymbol{\alpha}_1,\boldsymbol{\alpha}_2,\cdots,\boldsymbol{\alpha}_m$线性表示的充分必要条件是矩阵$\boldsymbol{A}=(\boldsymbol{\alpha}_1,\boldsymbol{\alpha}_2,\cdots,\boldsymbol{\alpha}_m)$的秩等于矩阵$\boldsymbol{B}=(\boldsymbol{\alpha}_1,\boldsymbol{\alpha}_2,\cdots,\boldsymbol{\alpha}_m,\boldsymbol{\beta})$的秩.

例 3.6　设向量$\boldsymbol{\beta}=(2,1,5,6)^{\mathrm{T}},\boldsymbol{\alpha}_1=(1,-1,2,4)^{\mathrm{T}},\boldsymbol{\alpha}_2=(0,3,1,2)^{\mathrm{T}},\boldsymbol{\alpha}_3=(1,-1,2,0)^{\mathrm{T}}$，试问向量$\boldsymbol{\beta}$能否由向量组$\boldsymbol{\alpha}_1,\boldsymbol{\alpha}_2,\boldsymbol{\alpha}_3$线性表示？

解　由于

$$\boldsymbol{B}=(\boldsymbol{A},\boldsymbol{\beta})=(\boldsymbol{\alpha}_1,\boldsymbol{\alpha}_2,\boldsymbol{\alpha}_3,\boldsymbol{\beta})=\begin{pmatrix}1&0&1&2\\-1&3&-1&1\\2&1&2&5\\4&2&0&6\end{pmatrix}\sim\begin{pmatrix}1&0&0&1\\0&1&0&1\\0&0&1&1\\0&0&0&0\end{pmatrix},$$

$\mathrm{R}(\boldsymbol{A})=\mathrm{R}(\boldsymbol{B})=3$，所以向量$\boldsymbol{\beta}$能由向量组$\boldsymbol{\alpha}_1,\boldsymbol{\alpha}_2,\boldsymbol{\alpha}_3$线性表示.

3.2.2　向量组的等价

定义 3.6　若向量组A：$\boldsymbol{\alpha}_1,\boldsymbol{\alpha}_2,\cdots,\boldsymbol{\alpha}_s$中每个向量均可由向量组$B$：$\boldsymbol{\beta}_1,\boldsymbol{\beta}_2,\cdots,\boldsymbol{\beta}_t$线性表示，则称向量组$A$可由向量组$B$线性表示；若向量组$A$与向量组$B$可以互相线性表示，则称向量组$A$与向量组$B$等价.

向量组的等价关系具有以下性质：

(1) **反身性**　向量组A与自身等价；

(2) **对称性** 向量组A与向量组B等价,则向量组B与向量组A等价;

(3) **传递性** 向量组A与向量组B等价,向量组B与向量组C等价,则向量组A与向量组C等价.

定理 3.2 若矩阵$\boldsymbol{A}$经过有限次初等行(列)变换化为矩阵$\boldsymbol{B}$,则矩阵$\boldsymbol{A}$的行(列)向量组与矩阵$\boldsymbol{B}$的行(列)向量组等价.

这里只对初等行变换的情况加以证明.

证 对$m\times n$矩阵$\boldsymbol{A}$施行初等行变换后化为矩阵$\boldsymbol{B}$,相当于用一个m阶可逆矩阵$\boldsymbol{P}$左乘矩阵$\boldsymbol{A}$,即$\boldsymbol{B}=\boldsymbol{PA}$,从而有$\boldsymbol{P}^{-1}\boldsymbol{B}=\boldsymbol{A}$. 令

$$\boldsymbol{A}=\begin{pmatrix}\boldsymbol{\alpha}_1\\\boldsymbol{\alpha}_2\\\vdots\\\boldsymbol{\alpha}_m\end{pmatrix},\quad \boldsymbol{B}=\begin{pmatrix}\boldsymbol{\beta}_1\\\boldsymbol{\beta}_2\\\vdots\\\boldsymbol{\beta}_m\end{pmatrix},\quad \boldsymbol{P}=(p_{ij})_{m\times m},\quad \boldsymbol{P}^{-1}=(q_{ij})_{m\times m},$$

则有

$$\begin{cases}\boldsymbol{\beta}_1=p_{11}\boldsymbol{\alpha}_1+p_{12}\boldsymbol{\alpha}_2+\cdots+p_{1m}\boldsymbol{\alpha}_m,\\\boldsymbol{\beta}_2=p_{21}\boldsymbol{\alpha}_1+p_{22}\boldsymbol{\alpha}_2+\cdots+p_{2m}\boldsymbol{\alpha}_m,\\\qquad\vdots\\\boldsymbol{\beta}_m=p_{m1}\boldsymbol{\alpha}_1+p_{m2}\boldsymbol{\alpha}_2+\cdots+p_{mm}\boldsymbol{\alpha}_m,\end{cases}$$

$$\begin{cases}\boldsymbol{\alpha}_1=q_{11}\boldsymbol{\beta}_1+q_{12}\boldsymbol{\beta}_2+\cdots+q_{1m}\boldsymbol{\beta}_m,\\\boldsymbol{\alpha}_2=q_{21}\boldsymbol{\beta}_1+q_{22}\boldsymbol{\beta}_2+\cdots+q_{2m}\boldsymbol{\beta}_m,\\\qquad\vdots\\\boldsymbol{\alpha}_m=q_{m1}\boldsymbol{\beta}_1+q_{m2}\boldsymbol{\beta}_2+\cdots+q_{mm}\boldsymbol{\beta}_m,\end{cases}$$

由向量组等价的定义可知,矩阵$\boldsymbol{A}$的行向量组与矩阵$\boldsymbol{B}$的行向量组等价.

3.2.3 向量组的线性相关性的定义

定义 3.7 对于向量组$\boldsymbol{\alpha}_1,\boldsymbol{\alpha}_2,\cdots,\boldsymbol{\alpha}_m$,若存在不全为零的数$k_1,k_2,\cdots,k_m$,使得

$$k_1\boldsymbol{\alpha}_1+k_2\boldsymbol{\alpha}_2+\cdots+k_m\boldsymbol{\alpha}_m=\boldsymbol{0},$$

则称向量组$\boldsymbol{\alpha}_1,\boldsymbol{\alpha}_2,\cdots,\boldsymbol{\alpha}_m$线性相关;否则,称向量组$\boldsymbol{\alpha}_1,\boldsymbol{\alpha}_2,\cdots,\boldsymbol{\alpha}_m$线性无关.

例 3.7 试判断单位坐标向量组$\boldsymbol{\varepsilon}_1=(1,0,0,\cdots,0)^{\mathrm{T}},\boldsymbol{\varepsilon}_2=(0,1,0,\cdots,0)^{\mathrm{T}},\cdots,\boldsymbol{\varepsilon}_n=(0,0,0,\cdots,1)^{\mathrm{T}}$的线性相关性.

解 设有数$k_1,k_2,\cdots,k_n$,使得$k_1\boldsymbol{\varepsilon}_1+k_2\boldsymbol{\varepsilon}_2+\cdots+k_n\boldsymbol{\varepsilon}_n=\boldsymbol{0}$,即

$$k_1\boldsymbol{\varepsilon}_1+k_2\boldsymbol{\varepsilon}_2+\cdots+k_n\boldsymbol{\varepsilon}_n=\begin{pmatrix}k_1\\k_2\\\vdots\\k_n\end{pmatrix}=\begin{pmatrix}0\\0\\\vdots\\0\end{pmatrix},$$

当且仅当 $k_1=k_2=\cdots=k_n=0$ 时，有 $k_1\boldsymbol{\varepsilon}_1+k_2\boldsymbol{\varepsilon}_2+\cdots+k_n\boldsymbol{\varepsilon}_n=\mathbf{0}$，故 $\boldsymbol{\varepsilon}_1,\boldsymbol{\varepsilon}_2,\cdots,\boldsymbol{\varepsilon}_n$ 线性无关.

例 3.8　设向量组 $\boldsymbol{\alpha}_1,\boldsymbol{\alpha}_2,\boldsymbol{\alpha}_3$ 线性无关，向量 $\boldsymbol{\beta}_1=\boldsymbol{\alpha}_1+\boldsymbol{\alpha}_2,\boldsymbol{\beta}_2=\boldsymbol{\alpha}_2+\boldsymbol{\alpha}_3,\boldsymbol{\beta}_3=\boldsymbol{\alpha}_3+\boldsymbol{\alpha}_1$，证明向量组 $\boldsymbol{\beta}_1,\boldsymbol{\beta}_2,\boldsymbol{\beta}_3$ 线性无关.

证　设有数 k_1,k_2,k_3，使得 $k_1\boldsymbol{\beta}_1+k_2\boldsymbol{\beta}_2+k_3\boldsymbol{\beta}_3=\mathbf{0}$，即

$$(k_1+k_3)\boldsymbol{\alpha}_1+(k_1+k_2)\boldsymbol{\alpha}_2+(k_2+k_3)\boldsymbol{\alpha}_3=\mathbf{0},$$

因向量组 $\boldsymbol{\alpha}_1,\boldsymbol{\alpha}_2,\boldsymbol{\alpha}_3$ 线性无关，故有

$$\begin{cases}k_1+k_3=0,\\ k_1+k_2=0,\\ k_2+k_3=0,\end{cases}$$

由克莱姆法则求出 $k_1=k_2=k_3=0$，因此向量组 $\boldsymbol{\beta}_1,\boldsymbol{\beta}_2,\boldsymbol{\beta}_3$ 线性无关.

定理 3.3　设 $\boldsymbol{\alpha}_1,\boldsymbol{\alpha}_2,\cdots,\boldsymbol{\alpha}_m$ 线性无关，而 $\boldsymbol{\alpha}_1,\boldsymbol{\alpha}_2,\cdots,\boldsymbol{\alpha}_m,\boldsymbol{\beta}$ 线性相关，则 $\boldsymbol{\beta}$ 能由 $\boldsymbol{\alpha}_1,\boldsymbol{\alpha}_2,\cdots,\boldsymbol{\alpha}_m$ 惟一地线性表示.

证　由于 $\boldsymbol{\alpha}_1,\boldsymbol{\alpha}_2,\cdots,\boldsymbol{\alpha}_m$ 线性无关，$\boldsymbol{\alpha}_1,\boldsymbol{\alpha}_2,\cdots,\boldsymbol{\alpha}_m,\boldsymbol{\beta}$ 线性相关，故存在不全为零的数 $k_0,k_1,\cdots,k_m$，使得 $k_0\boldsymbol{\beta}+k_1\boldsymbol{\alpha}_1+k_2\boldsymbol{\alpha}_2+\cdots+k_m\boldsymbol{\alpha}_m=\mathbf{0}$.

显然 $k_0\neq0$，否则 $\boldsymbol{\alpha}_1,\boldsymbol{\alpha}_2,\cdots,\boldsymbol{\alpha}_n$ 线性相关，与已知矛盾，故

$$\boldsymbol{\beta}=-\frac{k_1}{k_0}\boldsymbol{\alpha}_1-\frac{k_2}{k_1}\boldsymbol{\alpha}_2-\cdots-\frac{k_m}{k_0}\boldsymbol{\alpha}_m.$$

即 $\boldsymbol{\beta}$ 能由 $\boldsymbol{\alpha}_1,\boldsymbol{\alpha}_2,\cdots,\boldsymbol{\alpha}_m$ 线性表示.

再证惟一性. 设 $\boldsymbol{\beta}$ 能由 $\boldsymbol{\alpha}_1,\boldsymbol{\alpha}_2,\cdots,\boldsymbol{\alpha}_m$ 在两组不同的系数 $\lambda_1,\lambda_2,\cdots,\lambda_m$ 和 $\mu_1,\mu_2,\cdots,\mu_m$ 下线性表示，即有

$$\boldsymbol{\beta}=\lambda_1\boldsymbol{\alpha}_1+\lambda_2\boldsymbol{\alpha}_2+\cdots+\lambda_m\boldsymbol{\alpha}_m$$

和

$$\boldsymbol{\beta}=\mu_1\boldsymbol{\alpha}_1+\mu_2\boldsymbol{\alpha}_2+\cdots+\mu_m\boldsymbol{\alpha}_m,$$

两式相减，得

$$(\lambda_1-\mu_1)\boldsymbol{\alpha}_1+(\lambda_2-\mu_2)\boldsymbol{\alpha}_2+\cdots+(\lambda_m-\mu_m)\boldsymbol{\alpha}_m=\mathbf{0},$$

因 $\boldsymbol{\alpha}_1,\boldsymbol{\alpha}_2,\cdots,\boldsymbol{\alpha}_m$ 线性无关，故 $\lambda_i=\mu_i(i=1,2,\cdots,m)$，从而表示式惟一.

3.3　线性相关性的判定定理

根据定义来判定向量组的线性相关性往往比较复杂，有时我们可以直接利用向量组的特点来判断它的线性相关性. 通常将向量组中的一部分向量所组成的新的向量组称为原有向量组的一个**部分组**.

定理 3.4　n 维向量组 $\boldsymbol{\alpha}_1,\boldsymbol{\alpha}_2,\cdots,\boldsymbol{\alpha}_m$ 线性无关的充分必要条件是 $\mathrm{R}(\boldsymbol{A})=m$，这里 $\boldsymbol{A}=(\boldsymbol{\alpha}_1,\boldsymbol{\alpha}_2,\cdots,\boldsymbol{\alpha}_m)$.

例 3.9　试判定向量组 $\boldsymbol{\alpha}_1=(1,2,1,0)^{\mathrm{T}},\boldsymbol{\alpha}_2=(0,1,0,1)^{\mathrm{T}},\boldsymbol{\alpha}_3=(1,1,1,-1)^{\mathrm{T}}$ 的

线性相关性.

解 由于$\boldsymbol{A}=(\boldsymbol{\alpha}_1,\boldsymbol{\alpha}_2,\boldsymbol{\alpha}_3)=\begin{pmatrix}1&0&1\\2&1&1\\1&0&1\\0&1&-1\end{pmatrix}\sim\begin{pmatrix}1&0&1\\0&1&-1\\0&0&0\\0&0&0\end{pmatrix}$,$\mathrm{R}(\boldsymbol{A})=2<3$,故$\boldsymbol{\alpha}_1,\boldsymbol{\alpha}_2,\boldsymbol{\alpha}_3$线性相关.

推论 3.1 当$m>n$时,m个n维向量必然线性相关.

推论 3.2 设$\boldsymbol{A}$是一个n阶方阵,则$\boldsymbol{A}$的行(列)向量组线性无关的充要条件是$|\boldsymbol{A}|\neq 0$.

例 3.10 试判断向量组$\boldsymbol{\alpha}_1=(1,2,1)^{\mathrm{T}}$,$\boldsymbol{\alpha}_2=(0,1,1)^{\mathrm{T}}$,$\boldsymbol{\alpha}_3=(1,1,1)^{\mathrm{T}}$的线性相关性.

解 由于$|\boldsymbol{A}|=|\boldsymbol{\alpha}_1,\boldsymbol{\alpha}_2,\boldsymbol{\alpha}_3|=\begin{vmatrix}1&0&1\\2&1&1\\1&1&1\end{vmatrix}=1\neq 0$,因此向量组$\boldsymbol{\alpha}_1,\boldsymbol{\alpha}_2,\boldsymbol{\alpha}_3$线性无关.

定理 3.5 有一个部分组线性相关的向量组一定线性相关.

证 设$\boldsymbol{\alpha}_1,\boldsymbol{\alpha}_2,\cdots,\boldsymbol{\alpha}_r$是向量组$\boldsymbol{\alpha}_1,\boldsymbol{\alpha}_2,\cdots,\boldsymbol{\alpha}_m$的一个线性相关的部分组,则存在不全为零的数$k_1,k_2,\cdots,k_r$,使得

$$k_1\boldsymbol{\alpha}_1+k_2\boldsymbol{\alpha}_2+\cdots+k_r\boldsymbol{\alpha}_r=\boldsymbol{0},$$

取$k_{r+1}=k_{r+2}=\cdots=k_m=0$,则数$k_1,k_2,\cdots,k_r,k_{r+1},k_{r+2},\cdots,k_m$不全为零,并且有

$$k_1\boldsymbol{\alpha}_1+k_2\boldsymbol{\alpha}_2+\cdots+k_r\boldsymbol{\alpha}_r+k_{r+1}\boldsymbol{\alpha}_{r+1}+k_{r+2}\boldsymbol{\alpha}_{r+2}+\cdots+k_m\boldsymbol{\alpha}_m=\boldsymbol{0},$$

所以向量组$\boldsymbol{\alpha}_1,\boldsymbol{\alpha}_2,\cdots,\boldsymbol{\alpha}_m$线性相关.

推论 3.3 含有零向量的向量组必然线性相关.

推论 3.4 线性无关的向量组的任何一个部分组线性无关.

定理 3.6 设有两个向量组

$$\begin{aligned}&A:\boldsymbol{\alpha}_j=(a_{1j},a_{2j},\cdots,a_{rj})^{\mathrm{T}},\\&B:\boldsymbol{\beta}_j=(a_{1j},a_{2j},\cdots,a_{rj},a_{r+1,j})^{\mathrm{T}},\end{aligned}\quad j=1,2,\cdots,m,$$

若向量组A线性无关,则向量组B线性无关.

证 设向量组B线性相关,则存在一组不全为零的数$k_1,k_2,\cdots,k_m$,使

$$k_1\boldsymbol{\beta}_1+k_2\boldsymbol{\beta}_2+\cdots+k_m\boldsymbol{\beta}_m=\boldsymbol{0},$$

即

$$k_1\begin{pmatrix}a_{11}\\\vdots\\a_{r1}\\a_{r+1,1}\end{pmatrix}+k_2\begin{pmatrix}a_{12}\\\vdots\\a_{r2}\\a_{r+1,2}\end{pmatrix}+\cdots+k_m\begin{pmatrix}a_{1m}\\\vdots\\a_{rm}\\a_{r+1,m}\end{pmatrix}=\begin{pmatrix}0\\\vdots\\0\\0\end{pmatrix}.$$

取其前r个等式,有

$$k_1\boldsymbol{\alpha}_1+k_2\boldsymbol{\alpha}_2+\cdots+k_m\boldsymbol{\alpha}_m=\mathbf{0},$$

即$\boldsymbol{\alpha}_1,\boldsymbol{\alpha}_2,\cdots,\boldsymbol{\alpha}_m$线性相关，这与条件向量组$A$线性无关相矛盾，故向量组$B$线性无关.

推论 3.5 r维向量组A的每个向量添上$n-r$个分量成为n维向量组B，若向量组A线性无关，则向量组B线性无关.

定理 3.7 设有两个向量组

$$A:\boldsymbol{\alpha}_1,\boldsymbol{\alpha}_2,\cdots,\boldsymbol{\alpha}_s,$$
$$B:\boldsymbol{\beta}_1,\boldsymbol{\beta}_2,\cdots,\boldsymbol{\beta}_t,$$

如果向量组A可由向量组B线性表示，且$s>t$，则向量组A必然线性相关.

推论 3.6 如果向量组A：$\boldsymbol{\alpha}_1,\boldsymbol{\alpha}_2,\cdots,\boldsymbol{\alpha}_s$可由向量组$B$：$\boldsymbol{\beta}_1,\boldsymbol{\beta}_2,\cdots,\boldsymbol{\beta}_t$线性表示，且向量组$A$线性无关，则$s\leqslant t$.

推论 3.7 两个等价的线性无关的向量组所含向量的个数相等.

3.4 向量组的秩

3.4.1 向量组秩的定义

定义 3.8 设向量组A的一个部分组$\boldsymbol{\alpha}_1,\boldsymbol{\alpha}_2,\cdots,\boldsymbol{\alpha}_r$满足

(1) $\boldsymbol{\alpha}_1,\boldsymbol{\alpha}_2,\cdots,\boldsymbol{\alpha}_r$线性无关；

(2) 向量组A中的每一个向量均可由$\boldsymbol{\alpha}_1,\boldsymbol{\alpha}_2,\cdots,\boldsymbol{\alpha}_r$线性表示，

则称$\boldsymbol{\alpha}_1,\boldsymbol{\alpha}_2,\cdots,\boldsymbol{\alpha}_r$是向量组$A$的一个极大线性无关组(简称极大无关组)，极大线性无关组所含向量的个数r称为向量组A的秩，记为$\mathrm{R}(A)$.

注 3.2 (1) 只含零向量的向量组没有极大无关组，规定它的秩为零.

(2) 向量组与它的极大无关组等价.

(3) 向量组的极大无关组可能不止一个. 若向量组的极大无关组不止一个，由等价关系的传递性可知向量组的不同的极大无关组之间等价.

例 3.11 全体n维向量所组成的集合记为

$$\mathbb{R}^n=\{\boldsymbol{\alpha}=(a_1,a_2,\cdots,a_n)^{\mathrm{T}}\mid a_i\in\mathbb{R},i=1,2,\cdots,n\},$$

求$\mathbb{R}^n$的一个极大无关组.

解 由于n维单位坐标向量组$\boldsymbol{\varepsilon}_1,\boldsymbol{\varepsilon}_2,\cdots,\boldsymbol{\varepsilon}_n$线性无关，且任一$n$维向量均可由$\boldsymbol{\varepsilon}_1,\boldsymbol{\varepsilon}_2,\cdots,\boldsymbol{\varepsilon}_n$线性表示，所以$\boldsymbol{\varepsilon}_1,\boldsymbol{\varepsilon}_2,\cdots,\boldsymbol{\varepsilon}_n$是$\mathbb{R}^n$的一个极大无关组.

定理 3.8 设向量组A的秩为r，向量组B的秩为s，且向量组A能由向量组B线性表示，则$r\leqslant s$.

推论 3.8 等价的向量组秩相等.

3.4.2 向量组的秩与矩阵的秩的关系

设 $m\times n$ 矩阵

$$\boldsymbol{A}=\begin{pmatrix} a_{11} & a_{12} & \cdots & a_{1n} \\ a_{21} & a_{22} & \cdots & a_{2n} \\ \vdots & \vdots & & \vdots \\ a_{m1} & a_{m2} & \cdots & a_{mn} \end{pmatrix},$$

矩阵 $\boldsymbol{A}$ 可以看成是由 m 个 n 维行向量 $\boldsymbol{\beta}_i=(a_{i1},a_{i2},\cdots,a_{in})(i=1,2,\cdots,m)$ 所构成的，$\boldsymbol{\beta}_1,\boldsymbol{\beta}_2,\cdots,\boldsymbol{\beta}_m$ 称为矩阵 $\boldsymbol{A}$ 的**行向量组**；也可以看成是由 n 个 m 维列向量 $\boldsymbol{\alpha}_j=(a_{1j},a_{2j},\cdots,a_{mj})^{\mathrm{T}}(j=1,2,\cdots,n)$ 所构成的，$\boldsymbol{\alpha}_1,\boldsymbol{\alpha}_2,\cdots,\boldsymbol{\alpha}_n$ 称为矩阵 $\boldsymbol{A}$ 的**列向量组**. 矩阵 $\boldsymbol{A}$ 的行向量组的秩称为矩阵 $\boldsymbol{A}$ 的**行秩**，矩阵 $\boldsymbol{A}$ 的列向量组的秩称为矩阵 $\boldsymbol{A}$ 的**列秩**.

定理 3.9 矩阵的秩等于它的行秩，也等于它的列秩.

证 设 $\boldsymbol{A}$ 为 $m\times n$ 矩阵. 若 $\mathrm{R}(\boldsymbol{A})=0$，即 $\boldsymbol{A}=\boldsymbol{O}$，定理显然成立.

设 $\boldsymbol{A}=(\boldsymbol{\alpha}_1,\boldsymbol{\alpha}_2,\cdots,\boldsymbol{\alpha}_n)$，$\mathrm{R}(\boldsymbol{A})=r>0$. 由矩阵秩的定义知，存在一个 r 阶子式 $D_r\neq0$，不妨设 D_r 所在的列就是 $\boldsymbol{A}$ 的前 r 列向量 $\boldsymbol{\alpha}_1,\boldsymbol{\alpha}_2,\cdots,\boldsymbol{\alpha}_r$. 由推论 3.2 和定理 3.6 知，$D_r$ 所在的 r 列向量线性无关. 由于 $\mathrm{R}(\boldsymbol{A})=r$，则以 $\boldsymbol{A}$ 中任意 $r+1$ 个向量为列向量的矩阵的秩一定小于等于 r，根据定理 3.4 知，这 $r+1$ 个向量一定线性相关.

对于 $\boldsymbol{A}$ 的任一列向量 $\boldsymbol{\alpha}_k$，当 $1\leqslant k\leqslant r$ 时，$\boldsymbol{\alpha}_k$ 可以由 $\boldsymbol{\alpha}_1,\boldsymbol{\alpha}_2,\cdots,\boldsymbol{\alpha}_r$ 线性表示；当 $r<k\leqslant n$ 时，由于 $\boldsymbol{\alpha}_1,\boldsymbol{\alpha}_2,\cdots,\boldsymbol{\alpha}_r$ 线性无关，而 $\boldsymbol{\alpha}_1,\boldsymbol{\alpha}_2,\cdots,\boldsymbol{\alpha}_r,\boldsymbol{\alpha}_k$ 线性相关，由定理 3.3 知，$\boldsymbol{\alpha}_k$ 可由 $\boldsymbol{\alpha}_1,\boldsymbol{\alpha}_2,\cdots,\boldsymbol{\alpha}_r$ 线性表示. 因此 D_r 所在的 r 列就是 $\boldsymbol{A}$ 的列向量组的一个极大无关组，所以 $\boldsymbol{A}$ 的列秩等于 r.

由于 $\mathrm{R}(\boldsymbol{A})=\mathrm{R}(\boldsymbol{A}^{\mathrm{T}})$，又由上面的证明知，$\boldsymbol{A}^{\mathrm{T}}$ 的秩等于 $\boldsymbol{A}^{\mathrm{T}}$ 的列秩，而 $\boldsymbol{A}^{\mathrm{T}}$ 的列秩就是 $\boldsymbol{A}$ 的行秩，所以 $\boldsymbol{A}$ 的行秩也等于 r.

例 3.12 求向量组 $\boldsymbol{\alpha}_1=(1,4,1,0,2)^{\mathrm{T}}$，$\boldsymbol{\alpha}_2=(2,5,-1,-3,2)^{\mathrm{T}}$，$\boldsymbol{\alpha}_3=(-1,2,5,6,2)^{\mathrm{T}}$，$\boldsymbol{\alpha}_4=(0,2,2,-1,0)^{\mathrm{T}}$ 的秩，并判定其线性相关性.

解 把向量按列排成矩阵 $\boldsymbol{A}$，用初等行变换求矩阵 $\boldsymbol{A}$ 的秩.

$$\boldsymbol{A}=\begin{pmatrix} 1 & 2 & -1 & 0 \\ 4 & 5 & 2 & 2 \\ 1 & -1 & 5 & 2 \\ 0 & -3 & 6 & -1 \\ 2 & 2 & 2 & 0 \end{pmatrix}\sim\begin{pmatrix} 1 & 2 & -1 & 0 \\ 0 & 1 & -2 & 0 \\ 0 & 0 & 0 & 1 \\ 0 & 0 & 0 & 0 \\ 0 & 0 & 0 & 0 \end{pmatrix}.$$

$\mathrm{R}(\boldsymbol{A})=3$，向量组 $\boldsymbol{\alpha}_1,\boldsymbol{\alpha}_2,\boldsymbol{\alpha}_3,\boldsymbol{\alpha}_4$ 的秩为 3，所以 $\boldsymbol{\alpha}_1,\boldsymbol{\alpha}_2,\boldsymbol{\alpha}_3,\boldsymbol{\alpha}_4$ 线性相关.

定理 3.10 矩阵 $\boldsymbol{A}$ 经过初等行变换化为矩阵 $\boldsymbol{B}$，则 $\boldsymbol{A}$ 的列向量组与 $\boldsymbol{B}$ 的列向量组有相同的线性相关性.

证 对 $m\times n$ 矩阵 $\boldsymbol{A}$ 施行初等行变换后化为矩阵 $\boldsymbol{B}$，相当于用一个 m 阶可逆矩

阵 $\boldsymbol{P}$ 左乘矩阵 $\boldsymbol{A}$，即 $\boldsymbol{B}=\boldsymbol{PA}$. 将 $\boldsymbol{A}$ 和 $\boldsymbol{B}$ 按列分块为

$$\boldsymbol{A}=(\boldsymbol{\alpha}_1,\boldsymbol{\alpha}_2,\cdots,\boldsymbol{\alpha}_n),\quad \boldsymbol{B}=(\boldsymbol{\beta}_1,\boldsymbol{\beta}_2,\cdots,\boldsymbol{\beta}_n),$$

则有

$$\boldsymbol{PA}=(\boldsymbol{P\alpha}_1,\boldsymbol{P\alpha}_2,\cdots,\boldsymbol{P\alpha}_n)=(\boldsymbol{\beta}_1,\boldsymbol{\beta}_2,\cdots,\boldsymbol{\beta}_n),$$

即

$$\boldsymbol{\beta}_i=\boldsymbol{P\alpha}_i,\quad i=1,2,\cdots,n.$$

设 $\boldsymbol{A}$ 的某些列 $\boldsymbol{\alpha}_{i_1},\boldsymbol{\alpha}_{i_2},\cdots,\boldsymbol{\alpha}_{i_k}$ 的线性组合为

$$x_1\boldsymbol{\alpha}_{i_1}+x_2\boldsymbol{\alpha}_{i_2}+\cdots+x_k\boldsymbol{\alpha}_{i_k}=\boldsymbol{0},$$

那么有

$$\begin{aligned}x_1\boldsymbol{\beta}_{i_1}+x_2\boldsymbol{\beta}_{i_2}+\cdots+x_k\boldsymbol{\beta}_{i_k}&=x_1\boldsymbol{P\alpha}_{i_1}+x_2\boldsymbol{P\alpha}_{i_2}+\cdots+x_k\boldsymbol{P\alpha}_{i_k}\\&=\boldsymbol{P}(x_1\boldsymbol{\alpha}_{i_1}+x_2\boldsymbol{\alpha}_{i_2}+\cdots+x_k\boldsymbol{\alpha}_{i_k})\\&=\boldsymbol{P}\cdot\boldsymbol{0}\\&=\boldsymbol{0}.\end{aligned}$$

这就证明了 $\boldsymbol{B}$ 的列向量组 $\boldsymbol{\beta}_{i_1},\boldsymbol{\beta}_{i_2},\cdots,\boldsymbol{\beta}_{i_k}$ 与 $\boldsymbol{A}$ 的对应的列向量组 $\boldsymbol{\alpha}_{i_1},\boldsymbol{\alpha}_{i_2},\cdots,\boldsymbol{\alpha}_{i_k}$ 有相同的线性相关性.

求向量组的极大无关组时，可以将所给向量组作为矩阵的列向量组构成矩阵，再对矩阵进行初等行变换.

例 3.13　求例 3.12 中向量组的一个极大无关组，并把不属于极大无关组的向量用该极大无关组线性表示.

解

$$\begin{array}{cc}& \begin{array}{cccc}\boldsymbol{\alpha}_1 & \boldsymbol{\alpha}_2 & \boldsymbol{\alpha}_3 & \boldsymbol{\alpha}_4\end{array} \qquad \begin{array}{cccc}\boldsymbol{\beta}_1 & \boldsymbol{\beta}_2 & \boldsymbol{\beta}_3 & \boldsymbol{\beta}_4\end{array}\\ \boldsymbol{A}= & \begin{pmatrix}1 & 2 & -1 & 0\\4 & 5 & 2 & 2\\1 & -1 & 5 & 2\\0 & -3 & 6 & -1\\2 & 2 & 2 & 0\end{pmatrix}\sim\begin{pmatrix}1 & 0 & 3 & 0\\0 & 1 & -2 & 0\\0 & 0 & 0 & 1\\0 & 0 & 0 & 0\\0 & 0 & 0 & 0\end{pmatrix}=\boldsymbol{B},\end{array}$$

$\mathrm{R}(\boldsymbol{A})=3$，向量 $\boldsymbol{\beta}_1,\boldsymbol{\beta}_2,\boldsymbol{\beta}_4$ 线性无关，故向量 $\boldsymbol{\alpha}_1,\boldsymbol{\alpha}_2,\boldsymbol{\alpha}_4$ 线性无关，从而 $\boldsymbol{\alpha}_1,\boldsymbol{\alpha}_2,\boldsymbol{\alpha}_4$ 组成向量组 $\boldsymbol{\alpha}_1,\boldsymbol{\alpha}_2,\boldsymbol{\alpha}_3,\boldsymbol{\alpha}_4$ 的一个极大无关组.

由矩阵 $\boldsymbol{B}$ 易知 $\boldsymbol{\beta}_3=3\boldsymbol{\beta}_1-2\boldsymbol{\beta}_2$，所以有 $\boldsymbol{\alpha}_3=3\boldsymbol{\alpha}_1-2\boldsymbol{\alpha}_2$.

例 3.14　设向量组 A 能由向量组 B 线性表示，且 $\mathrm{R}(A)=\mathrm{R}(B)$，则向量组 A 与向量组 B 等价.

证　只需证明向量组 B 能由向量组 A 线性表示.

设 $\mathrm{R}(\boldsymbol{A})=\mathrm{R}(\boldsymbol{B})=r$，向量组 A,B 的极大无关组分别为 A_1：$\boldsymbol{\alpha}_1,\boldsymbol{\alpha}_2,\cdots,\boldsymbol{\alpha}_r$ 和 B_1：$\boldsymbol{\beta}_1,\boldsymbol{\beta}_2,\cdots,\boldsymbol{\beta}_r$，因向量组 A 能由向量组 B 线性表示，故向量组 A_1 能由向量组 B_1 线性

表示,即存在 r 阶方阵 $\boldsymbol{K}_r$,使得

$$(\boldsymbol{\alpha}_1,\boldsymbol{\alpha}_2,\cdots,\boldsymbol{\alpha}_r)=(\boldsymbol{\beta}_1,\boldsymbol{\beta}_2,\cdots,\boldsymbol{\beta}_r)\boldsymbol{K}_r,$$

由于 $\mathrm{R}(\boldsymbol{K}_r)\geqslant\mathrm{R}(\boldsymbol{\alpha}_1,\boldsymbol{\alpha}_2,\cdots,\boldsymbol{\alpha}_r)=r$,所以方阵 $\boldsymbol{K}_r$ 可逆,于是有

$$(\boldsymbol{\beta}_1,\boldsymbol{\beta}_2,\cdots,\boldsymbol{\beta}_r)=(\boldsymbol{\alpha}_1,\boldsymbol{\alpha}_2,\cdots,\boldsymbol{\alpha}_r)\boldsymbol{K}_r^{-1},$$

即向量组 B_1 能由向量组 A_1 线性表示,从而向量组 B 能由向量组 A 线性表示,故向量组 A 与向量组 B 等价.

3.5 向量空间

3.5.1 向量空间的定义

定义 3.9 设 V 是 n 维向量构成的非空集合,且满足

(1) 若 $\boldsymbol{\alpha},\boldsymbol{\beta}\in V$,则 $\boldsymbol{\alpha}+\boldsymbol{\beta}\in V$;

(2) 若 $\boldsymbol{\alpha}\in V,k\in\mathbb{R}$,则 $k\boldsymbol{\alpha}\in V$,

则称非空集合 V 是一个向量空间.

定义中的条件(1)和(2)称为集合 V 对向量的加法和乘数两种运算**封闭**. 由定义知,一个向量的集合要构成一个向量空间,必须对向量的加法和乘数运算具有封闭性.

零向量所构成的集合是一个向量空间,称为**零空间**.

例 3.15 n 维向量的全体所构成的集合 $\mathbb{R}^n$ 构成一个向量空间.

定义 3.10 设有两个向量空间 V 和 V_1,满足 $V_1\subset V$,则称 V_1 是 V 的一个子空间.

例 3.16 集合 $V=\{\boldsymbol{x}=(0,x_2,\cdots,x_n)^{\mathrm{T}}\mid x_i\in\mathbb{R},i=2,\cdots,n\}$ 是一个向量空间.

证 若 $\boldsymbol{\alpha}=(0,a_2,\cdots,a_n)^{\mathrm{T}}\in V,\boldsymbol{\beta}=(0,b_2,\cdots,b_n)^{\mathrm{T}}\in V,k\in\mathbb{R}$,则

$$\boldsymbol{\alpha}+\boldsymbol{\beta}=(0,a_2+b_2,\cdots,a_n+b_n)^{\mathrm{T}}\in V,$$

$$k\boldsymbol{\alpha}=(0,ka_2,\cdots,ka_n)^{\mathrm{T}}\in V,$$

即 V 对向量的加法和乘数运算封闭,故 V 是一个向量空间.

显然向量空间 $V=\{\boldsymbol{x}=(0,x_2,\cdots,x_n)^{\mathrm{T}}\mid x_i\in\mathbb{R},i=2,\cdots,n\}$ 是向量空间 $\mathbb{R}^n$ 的一个子空间.

向量空间 V 的子集 V 和 $\{0\}$ 称为向量空间 V 的**平凡子空间**.

例 3.17 证明集合 $V=\{\boldsymbol{x}=(1,x_2,\cdots,x_n)^{\mathrm{T}}\mid x_i\in\mathbb{R},i=2,\cdots,n\}$ 不是一个向量空间.

证 若 $\boldsymbol{\alpha}=(1,a_2,\cdots,a_n)^{\mathrm{T}}\in V,\boldsymbol{\beta}=(1,b_2,\cdots,b_n)^{\mathrm{T}}\in V$,则

$$\boldsymbol{\alpha}+\boldsymbol{\beta}=(2,a_2+b_2,\cdots,a_n+b_n)^{\mathrm{T}}\notin V,$$

即 V 对向量的加法不封闭,故 V 不是一个向量空间.

例 3.18 设$\boldsymbol{\alpha}$,$\boldsymbol{\beta}$是两个已知的n维向量,集合

$$V=\{\boldsymbol{x}=k_1\boldsymbol{\alpha}+k_2\boldsymbol{\beta}\mid k_1,k_2\in\mathbb{R}\}$$

是一个向量空间,称为由向量$\boldsymbol{\alpha}$,$\boldsymbol{\beta}$**所生成的向量空间**.

一般地,由向量组$\boldsymbol{\alpha}_1,\boldsymbol{\alpha}_2,\cdots,\boldsymbol{\alpha}_m$的任意线性组合构成的集合

$$V=\{\boldsymbol{x}=k_1\boldsymbol{\alpha}_1+k_2\boldsymbol{\alpha}_2+\cdots+k_m\boldsymbol{\alpha}_m\mid k_i\in\mathbb{R},i=1,2,\cdots,m\}$$

是一个向量空间,称为由向量组$\boldsymbol{\alpha}_1,\boldsymbol{\alpha}_2,\cdots,\boldsymbol{\alpha}_m$**所生成的向量空间**.

3.5.2 向量空间的基和维数

定义 3.11 设V是向量空间,若向量组$\boldsymbol{\alpha}_1,\boldsymbol{\alpha}_2,\cdots,\boldsymbol{\alpha}_r\in V$,且满足

(1) $\boldsymbol{\alpha}_1,\boldsymbol{\alpha}_2,\cdots,\boldsymbol{\alpha}_r$线性无关;

(2) V中的任一个向量都可由$\boldsymbol{\alpha}_1,\boldsymbol{\alpha}_2,\cdots,\boldsymbol{\alpha}_r$线性表示,

则称$\boldsymbol{\alpha}_1,\boldsymbol{\alpha}_2,\cdots,\boldsymbol{\alpha}_r$为向量空间$V$的一个基,数$r$称为$V$的维数,记为$\dim V=r$,并称$V$是$r$维向量空间.

例如在$\mathbb{R}^n$中,n维单位坐标向量组$\boldsymbol{\varepsilon}_1,\boldsymbol{\varepsilon}_2,\cdots,\boldsymbol{\varepsilon}_n$是$\mathbb{R}^n$的一个基,且$\dim\mathbb{R}^n=n$.

不难看出,向量空间V的一个基即是构成向量空间V的向量组的一个极大无关组,向量空间V的维数即是该向量组的秩.

例 3.19 $\mathbb{R}^n$中任意n个线性无关的向量都是$\mathbb{R}^n$的基.

证 设$\boldsymbol{\alpha}_1,\boldsymbol{\alpha}_2,\cdots,\boldsymbol{\alpha}_n$是$\mathbb{R}^n$中线性无关的向量,对任意的$\boldsymbol{\alpha}\in\mathbb{R}^n$,$\boldsymbol{\alpha}_1,\boldsymbol{\alpha}_2,\cdots,\boldsymbol{\alpha}_n,\boldsymbol{\alpha}$线性相关,即$\boldsymbol{\alpha}$可由$\boldsymbol{\alpha}_1,\boldsymbol{\alpha}_2,\cdots,\boldsymbol{\alpha}_n$线性表示,由定义3.11知,$\boldsymbol{\alpha}_1,\boldsymbol{\alpha}_2,\cdots,\boldsymbol{\alpha}_n$是$\mathbb{R}^n$的一个基.

例 3.20 证明$\boldsymbol{\alpha}_1=(1,1,1,1)^{\mathrm{T}}$,$\boldsymbol{\alpha}_2=(1,3,1,0)^{\mathrm{T}}$,$\boldsymbol{\alpha}_3=(1,0,1,0)^{\mathrm{T}}$,$\boldsymbol{\alpha}_4=(1,0,0,1)^{\mathrm{T}}$是$\mathbb{R}^4$的一个基.

证 只需证明$\boldsymbol{\alpha}_1,\boldsymbol{\alpha}_2,\boldsymbol{\alpha}_3,\boldsymbol{\alpha}_4$线性无关即可. 令$\boldsymbol{A}=(\boldsymbol{\alpha}_1,\boldsymbol{\alpha}_2,\boldsymbol{\alpha}_3,\boldsymbol{\alpha}_4)$,由于

$$|\boldsymbol{A}|=\begin{vmatrix}1&1&1&1\\1&3&0&0\\1&1&1&0\\1&0&0&1\end{vmatrix}=-3\neq 0,$$

即$\boldsymbol{\alpha}_1,\boldsymbol{\alpha}_2,\boldsymbol{\alpha}_3,\boldsymbol{\alpha}_4$线性无关,所以$\boldsymbol{\alpha}_1,\boldsymbol{\alpha}_2,\boldsymbol{\alpha}_3,\boldsymbol{\alpha}_4$是$\mathbb{R}^4$的一个基.

3.5.3 向量在基下的坐标

若$\boldsymbol{\alpha}_1,\boldsymbol{\alpha}_2,\cdots,\boldsymbol{\alpha}_m$是向量空间$V$的一个基,则对于任意的向量$\boldsymbol{\alpha}\in V$都存在一组有序数组$x_1,x_2,\cdots,x_m$,使得$\boldsymbol{\alpha}=x_1\boldsymbol{\alpha}_1+x_2\boldsymbol{\alpha}_2+\cdots+x_m\boldsymbol{\alpha}_m$,并且这种表示是惟一的;反之,对任意的一组数$x_1,x_2,\cdots,x_m$,都有惟一的向量$\boldsymbol{\alpha}=x_1\boldsymbol{\alpha}_1+x_2\boldsymbol{\alpha}_2+\cdots+x_m\boldsymbol{\alpha}_m\in V$. 因此$V$中的向量$\boldsymbol{\alpha}$与有序数组$x_1,x_2,\cdots,x_m$之间存在一一对应的关系,故可用有序数组$x_1,x_2,\cdots,x_m$来表示向量$\boldsymbol{\alpha}$.

定义 3.12 设$\boldsymbol{\alpha}_1,\boldsymbol{\alpha}_2,\cdots,\boldsymbol{\alpha}_m$是向量空间$V$的一个基,则对于任一向量$\boldsymbol{\alpha}\in V$,都

存在惟一一组有序数组 $x_1, x_2, \cdots, x_m$，使得 $\boldsymbol{\alpha} = x_1\boldsymbol{\alpha}_1 + x_2\boldsymbol{\alpha}_2 + \cdots + x_m\boldsymbol{\alpha}_m$，有序数组 $x_1, x_2, \cdots, x_m$ 称为向量 $\boldsymbol{\alpha}$ 在基 $\boldsymbol{\alpha}_1, \boldsymbol{\alpha}_2, \cdots, \boldsymbol{\alpha}_m$ 之下的坐标，记为 $\boldsymbol{x} = (x_1, x_2, \cdots, x_m)^{\mathrm{T}}$.

例 3.21 求向量 $\boldsymbol{\alpha} = (1,2,3)^{\mathrm{T}}$ 在基 $\boldsymbol{\alpha}_1 = (1,0,0)^{\mathrm{T}}, \boldsymbol{\alpha}_2 = (1,1,0)^{\mathrm{T}}, \boldsymbol{\alpha}_3 = (1,1,1)^{\mathrm{T}}$ 下的坐标.

解 设 $\boldsymbol{\alpha} = x_1\boldsymbol{\alpha}_1 + x_2\boldsymbol{\alpha}_2 + x_3\boldsymbol{\alpha}_3$，于是有

$$\begin{cases} x_1 + x_2 + x_3 = 1, \\ x_2 + x_3 = 2, \\ x_3 = 3, \end{cases}$$

解得

$$x_1 = -1, \quad x_2 = -1, \quad x_3 = 3,$$

故 $\boldsymbol{\alpha}$ 在基 $\boldsymbol{\alpha}_1, \boldsymbol{\alpha}_2, \boldsymbol{\alpha}_3$ 下的坐标为 $(-1,-1,3)^{\mathrm{T}}$.

习题三

1. 设向量 $\boldsymbol{\alpha} = (5,-1,3,2,4)^{\mathrm{T}}, \boldsymbol{\beta} = (3,1,-2,2,1)^{\mathrm{T}}$，求向量 $\boldsymbol{\gamma}$，使 $3\boldsymbol{\alpha} + \boldsymbol{\gamma} = 4\boldsymbol{\beta}$.

2. 设 $3\boldsymbol{\alpha} + 4\boldsymbol{\beta} = (2,1,1,2)^{\mathrm{T}}, 2\boldsymbol{\alpha} + 3\boldsymbol{\beta} = (-1,2,3,1)^{\mathrm{T}}$，求向量 $\boldsymbol{\alpha}, \boldsymbol{\beta}$.

3. 试问下列各组向量中的 $\boldsymbol{\beta}$ 能否由其余向量线性表示，若能，写出其线性表示式.

(1) $\boldsymbol{\beta} = (4,3)^{\mathrm{T}}, \boldsymbol{\alpha}_1 = (2,1)^{\mathrm{T}}, \boldsymbol{\alpha}_2 = (-1,1)^{\mathrm{T}}$；

(2) $\boldsymbol{\beta} = (1,1,1)^{\mathrm{T}}, \boldsymbol{\alpha}_1 = (0,1,-1)^{\mathrm{T}}, \boldsymbol{\alpha}_2 = (1,1,0)^{\mathrm{T}}, \boldsymbol{\alpha}_3 = (1,0,2)^{\mathrm{T}}$；

(3) $\boldsymbol{\beta} = (1,2,0)^{\mathrm{T}}, \boldsymbol{\alpha}_1 = (2,-11,0)^{\mathrm{T}}, \boldsymbol{\alpha}_2 = (1,0,2)^{\mathrm{T}}$.

4. 讨论当 k 取何值时，向量 $\boldsymbol{\beta} = (0,k,k^2)^{\mathrm{T}}$ 能由向量 $\boldsymbol{\alpha}_1 = (1+k,1,1)^{\mathrm{T}}, \boldsymbol{\alpha}_2 = (1,1+k,1)^{\mathrm{T}}, \boldsymbol{\alpha}_3 = (1,1,1+k)^{\mathrm{T}}$ 惟一线性表示.

5. 判定下列向量组是否线性相关，并说明理由.

(1) $\boldsymbol{\alpha}_1 = (1,2,3)^{\mathrm{T}}, \boldsymbol{\alpha}_2 = (1,1,1)^{\mathrm{T}}, \boldsymbol{\alpha}_3 = \left(\frac{1}{2},0,\frac{3}{2}\right)^{\mathrm{T}}$；

(2) $\boldsymbol{\alpha}_1 = (2,2,7,-1)^{\mathrm{T}}, \boldsymbol{\alpha}_2 = (3,-1,2,4)^{\mathrm{T}}, \boldsymbol{\alpha}_3 = (1,1,3,1)^{\mathrm{T}}$；

(3) $\boldsymbol{\alpha}_1 = (4,3,-1,1)^{\mathrm{T}}, \boldsymbol{\alpha}_2 = (2,1,-3,2)^{\mathrm{T}}, \boldsymbol{\alpha}_3 = (1,1,-3,2)^{\mathrm{T}}$,
$\boldsymbol{\alpha}_4 = (1,-3,0,1)^{\mathrm{T}}, \boldsymbol{\alpha}_5 = (1,5,2,-2)^{\mathrm{T}}$.

6. 举例说明下列各命题是错误的：

(1) 若向量组 $\boldsymbol{\alpha}_1, \boldsymbol{\alpha}_2, \cdots, \boldsymbol{\alpha}_m$ 线性相关，则 $\boldsymbol{\alpha}_1$ 可由 $\boldsymbol{\alpha}_2, \cdots, \boldsymbol{\alpha}_m$ 线性表示；

(2) 若有不全为零的数 $\lambda_1, \lambda_2, \cdots, \lambda_m$，使得

$$\lambda_1\boldsymbol{\alpha}_1 + \lambda_2\boldsymbol{\alpha}_2 + \cdots + \lambda_m\boldsymbol{\alpha}_m + \lambda_1\boldsymbol{\beta}_1 + \lambda_2\boldsymbol{\beta}_2 + \cdots + \lambda_m\boldsymbol{\beta}_m = \mathbf{0}$$

成立，则 $\boldsymbol{\alpha}_1, \boldsymbol{\alpha}_2, \cdots, \boldsymbol{\alpha}_m$ 线性相关，$\boldsymbol{\beta}_1, \boldsymbol{\beta}_2, \cdots, \boldsymbol{\beta}_m$ 也线性相关；

(3) 若只有当 $\lambda_1, \lambda_2, \cdots, \lambda_m$ 全为零时，等式

$$\lambda_1\boldsymbol{\alpha}_1+\lambda_2\boldsymbol{\alpha}_2+\cdots+\lambda_m\boldsymbol{\alpha}_m+\lambda_1\boldsymbol{\beta}_1+\lambda_2\boldsymbol{\beta}_2+\cdots+\lambda_m\boldsymbol{\beta}_m=\mathbf{0}$$

才成立，则$\boldsymbol{\alpha}_1,\boldsymbol{\alpha}_2,\cdots,\boldsymbol{\alpha}_m$线性无关，$\boldsymbol{\beta}_1,\boldsymbol{\beta}_2,\cdots,\boldsymbol{\beta}_m$也线性无关；

(4) 若$\boldsymbol{\alpha}_1,\boldsymbol{\alpha}_2,\cdots,\boldsymbol{\alpha}_m$线性相关，$\boldsymbol{\beta}_1,\boldsymbol{\beta}_2,\cdots,\boldsymbol{\beta}_m$也线性相关，则有不全为零的数$\lambda_1,\lambda_2,\cdots,\lambda_m$，使$\lambda_1\boldsymbol{\alpha}_1+\lambda_2\boldsymbol{\alpha}_2+\cdots+\lambda_m\boldsymbol{\alpha}_m=\mathbf{0}$，$\lambda_1\boldsymbol{\beta}_1+\lambda_2\boldsymbol{\beta}_2+\cdots+\lambda_m\boldsymbol{\beta}_m=\mathbf{0}$同时成立.

7. 设向量$\boldsymbol{\alpha}_1,\boldsymbol{\alpha}_2,\boldsymbol{\alpha}_3,\boldsymbol{\alpha}_4$线性无关，$\boldsymbol{\beta}_1=\boldsymbol{\alpha}_1$，$\boldsymbol{\beta}_2=\boldsymbol{\alpha}_1+\boldsymbol{\alpha}_2$，$\boldsymbol{\beta}_3=\boldsymbol{\alpha}_1+\boldsymbol{\alpha}_2+\boldsymbol{\alpha}_3$，$\boldsymbol{\beta}_4=\boldsymbol{\alpha}_1+\boldsymbol{\alpha}_2+\boldsymbol{\alpha}_3+\boldsymbol{\alpha}_4$，证明$\boldsymbol{\beta}_1,\boldsymbol{\beta}_2,\boldsymbol{\beta}_3,\boldsymbol{\beta}_4$线性无关.

8. 设向量$\boldsymbol{\alpha}_1,\boldsymbol{\alpha}_2,\boldsymbol{\alpha}_3$线性无关，问$l,m$满足什么条件时，向量组$l\boldsymbol{\alpha}_2-\boldsymbol{\alpha}_1$，$m\boldsymbol{\alpha}_3-\boldsymbol{\alpha}_2$，$\boldsymbol{\alpha}_1-\boldsymbol{\alpha}_3$线性相关.

9. 设向量组$\boldsymbol{\alpha}_1,\boldsymbol{\alpha}_2,\cdots,\boldsymbol{\alpha}_r$线性无关，证明向量组$\boldsymbol{\beta}_1=\boldsymbol{\alpha}_1+\boldsymbol{\alpha}_r$，$\boldsymbol{\beta}_2=\boldsymbol{\alpha}_2+\boldsymbol{\alpha}_r$，$\cdots$，$\boldsymbol{\beta}_{r-1}=\boldsymbol{\alpha}_{r-1}+\boldsymbol{\alpha}_r$，$\boldsymbol{\beta}_r=\boldsymbol{\alpha}_r$线性无关.

10. 设$\boldsymbol{\alpha}_1,\boldsymbol{\alpha}_2,\cdots,\boldsymbol{\alpha}_n$是$\mathbb{R}^n$中的一组向量，已知$n$维单位坐标向量组可由它们线性表示，证明$\boldsymbol{\alpha}_1,\boldsymbol{\alpha}_2,\cdots,\boldsymbol{\alpha}_n$线性无关.

11. 设$\boldsymbol{\alpha}_1,\boldsymbol{\alpha}_2,\cdots,\boldsymbol{\alpha}_n$是$\mathbb{R}^n$中的一组向量，证明$\boldsymbol{\alpha}_1,\boldsymbol{\alpha}_2,\cdots,\boldsymbol{\alpha}_n$线性无关的充分必要条件是任一$n$维向量均可由$\boldsymbol{\alpha}_1,\boldsymbol{\alpha}_2,\cdots,\boldsymbol{\alpha}_n$线性表示.

12. 设在向量$\boldsymbol{\alpha}_1,\boldsymbol{\alpha}_2,\cdots,\boldsymbol{\alpha}_r$中，$\boldsymbol{\alpha}_1\neq\mathbf{0}$，并且每一个$\boldsymbol{\alpha}_i$都不能由前面的$\boldsymbol{\alpha}_1,\boldsymbol{\alpha}_2,\cdots,\boldsymbol{\alpha}_{i-1}$线性表示，证明$\boldsymbol{\alpha}_1,\boldsymbol{\alpha}_2,\cdots,\boldsymbol{\alpha}_r$线性无关.

13. 求下列向量组的秩和一个极大无关组：

(1) $\boldsymbol{\alpha}_1=(1,2,1,3)^{\mathrm{T}}$，$\boldsymbol{\alpha}_2=(4,-1,-5,-6)^{\mathrm{T}}$，$\boldsymbol{\alpha}_3=(1,-3,-4,-7)^{\mathrm{T}}$；

(2) $\boldsymbol{\alpha}_1=(1,0,-2,1)^{\mathrm{T}}$，$\boldsymbol{\alpha}_2=(3,1,0,-1)^{\mathrm{T}}$，$\boldsymbol{\alpha}_3=(1,1,4,-3)^{\mathrm{T}}$，$\boldsymbol{\alpha}_4=(3,0,10,3)^{\mathrm{T}}$.

14. 设有向量组$\boldsymbol{\alpha}_1=(1,-1,2,4)^{\mathrm{T}}$，$\boldsymbol{\alpha}_2=(0,3,1,2)^{\mathrm{T}}$，$\boldsymbol{\alpha}_3=(3,0,7,14)^{\mathrm{T}}$，$\boldsymbol{\alpha}_4=(1,-2,2,0)^{\mathrm{T}}$，$\boldsymbol{\alpha}_5=(2,1,5,10)^{\mathrm{T}}$，求该向量组的一个极大无关组，并将其余向量用该极大无关组线性表示.

15. 已知向量组$\boldsymbol{\alpha}_1=(1,2,-3)^{\mathrm{T}}$，$\boldsymbol{\alpha}_2=(3,0,1)^{\mathrm{T}}$，$\boldsymbol{\alpha}_3=(9,6,-7)^{\mathrm{T}}$与向量组$\boldsymbol{\beta}_1=(0,1,-1)^{\mathrm{T}}$，$\boldsymbol{\beta}_2=(a,2,1)^{\mathrm{T}}$，$\boldsymbol{\beta}_3=(b,1,0)^{\mathrm{T}}$具有相同的秩，且$\boldsymbol{\beta}_3$可由$\boldsymbol{\alpha}_1,\boldsymbol{\alpha}_2,\boldsymbol{\alpha}_3$线性表示，求$a,b$的值.

16. 设矩阵$\boldsymbol{A}=\begin{pmatrix}1&2&-2\\2&1&2\\3&0&4\\2&1&3\end{pmatrix}$，向量$\boldsymbol{\alpha}=(a,1,1,1)^{\mathrm{T}}$，$A$的列向量组与向量$\boldsymbol{\alpha}$线性相关，求$a$的值.

17. 用矩阵的秩讨论以下三个平面的位置关系：

$$\pi_1:\ a_1x+b_1y+c_1z=0;$$
$$\pi_2:\ a_2x+b_2y+c_2z=0;$$
$$\pi_3:\ a_3x+b_3y+c_3z=0.$$

18. 判断以下集合是否构成向量空间，若构成向量空间，求出一个基，并确定向量空间的维数.

(1) 平面上不平行于某一向量的所有向量的集合;

(2) $V=\{\boldsymbol{\alpha}=(x_1,x_2,\cdots,x_n)\mid x_1+x_2+\cdots+x_n=0\}$;

(3) $V=\{\boldsymbol{\alpha}=(x_1,x_2,\cdots,x_n)\mid x_1+x_2+\cdots+x_n=1\}$;

(4) $V=\{\boldsymbol{\alpha}=(x_1,x_2,x_3)\mid x_1=5x_2\}$.

19. 证明向量组$\boldsymbol{\alpha}_1=(1,1,0,1)^{\mathrm{T}}$,$\boldsymbol{\alpha}_2=(2,1,3,1)^{\mathrm{T}}$,$\boldsymbol{\alpha}_3=(1,1,0,0)^{\mathrm{T}}$,$\boldsymbol{\alpha}_4=(0,1,-1,-1)^{\mathrm{T}}$构成$\mathbb{R}^4$的一个基,并求向量$\boldsymbol{\beta}=(2,2,4,1)^{\mathrm{T}}$在这个基下的坐标.

20. 在$\mathbb{R}^3$中求一个向量$\boldsymbol{\gamma}$,使它在下面两个基:

(1) $\boldsymbol{\alpha}_1=(1,0,1)^{\mathrm{T}}$,$\boldsymbol{\alpha}_2=(-1,0,0)^{\mathrm{T}}$,$\boldsymbol{\alpha}_3=(0,1,1)^{\mathrm{T}}$;

(2) $\boldsymbol{\beta}_1=(0,-1,1)^{\mathrm{T}}$,$\boldsymbol{\beta}_2=(1,-1,0)^{\mathrm{T}}$,$\boldsymbol{\beta}_3=(1,0,1)^{\mathrm{T}}$

下有相同的坐标.

第4章

线性方程组

解线性方程组是线性代数中需要重点解决的问题之一.本章主要利用矩阵的初等变换来求解线性方程组,得到矩阵的秩与线性方程组的解的关系;还将讨论线性方程组有解的判定定理以及齐次和非齐次线性方程组解的结构和性质,并利用这些知识进一步来求解线性方程组.

4.1 齐次线性方程组

含有 n 个变量 $x_1,x_2,\cdots,x_n$ 的齐次线性方程组的一般形式为

$$\begin{cases} a_{11}x_1+\cdots+a_{1n}x_n=0, \\ a_{21}x_1+\cdots+a_{2n}x_n=0, \\ \qquad\vdots \\ a_{m1}x_1+\cdots+a_{mn}x_n=0. \end{cases} \tag{4.1}$$

设

$$\boldsymbol{A}=\begin{pmatrix} a_{11} & \cdots & a_{1n} \\ \vdots & & \vdots \\ a_{m1} & \cdots & a_{mn} \end{pmatrix},\quad \boldsymbol{x}=\begin{pmatrix} x_1 \\ \vdots \\ x_n \end{pmatrix},\quad \boldsymbol{0}=\begin{pmatrix} 0 \\ \vdots \\ 0 \end{pmatrix},$$

则齐次线性方程组(4.1)也可记为矩阵形式

$$\boldsymbol{Ax}=\boldsymbol{0}, \tag{4.2}$$

其中矩阵 $\boldsymbol{A}$ 称为齐次线性方程组(4.2)的系数矩阵.

若把 $\boldsymbol{A}$ 看成是由列向量组构成的矩阵,即 $\boldsymbol{A}=(\boldsymbol{\alpha}_1,\cdots,\boldsymbol{\alpha}_n)$,则方程组(4.1)也可以表示为向量形式

$$\boldsymbol{\alpha}_1x_1+\cdots+\boldsymbol{\alpha}_nx_n=\boldsymbol{0}. \tag{4.3}$$

齐次线性方程组(4.1)一定有解,零向量 $\boldsymbol{x}=(0,\cdots,0)^{\mathrm{T}}$ 就是齐次线性方程组(4.1)的一个解,称为齐次线性方程组(4.1)的**零解**,若非零向量 $\boldsymbol{\xi}=(\xi_1,\cdots,\xi_n)^{\mathrm{T}}$ 也是齐次

线性方程组(4.1)的一个解,则称为齐次线性方程组(4.1)的**非零解**.

齐次线性方程组(4.1)的解 $\boldsymbol{x}=(x_1,\cdots,x_n)^{\mathrm{T}}$ 也称为齐次线性方程组(4.1)的**解向量**.

4.1.1 齐次线性方程组解的判定定理

定理 4.1 *n 元齐次线性方程组 $\boldsymbol{A}_{m\times n}\boldsymbol{x}=\boldsymbol{0}$ 有非零解的充分必要条件是 $\mathrm{R}(\boldsymbol{A})<n$.*

证 (充分性)设方程组 $\boldsymbol{A}_{m\times n}\boldsymbol{x}=\boldsymbol{0}$ 的系数矩阵的秩 $\mathrm{R}(\boldsymbol{A})=r<n$,不妨设 $\boldsymbol{A}$ 的前 r 个列向量线性无关,对 $\boldsymbol{A}$ 作初等行变换可以化为行最简形矩阵

$$\boldsymbol{B}=\begin{pmatrix}1 & 0 & \cdots & 0 & b_{11} & \cdots & b_{1,n-r}\\ 0 & 1 & \cdots & 0 & b_{21} & \cdots & b_{2,n-r}\\ \vdots & \vdots & & \vdots & \vdots & & \vdots\\ 0 & 0 & \cdots & 1 & b_{r1} & \cdots & b_{r,n-r}\\ 0 & 0 & \cdots & 0 & 0 & \cdots & 0\\ \vdots & \vdots & & \vdots & \vdots & & \vdots\\ 0 & 0 & \cdots & 0 & 0 & \cdots & 0\end{pmatrix},$$

与矩阵 $\boldsymbol{B}$ 对应的方程组为

$$\begin{cases}x_1=-b_{11}x_{r+1}-\cdots-b_{1,n-r}x_n,\\ x_2=-b_{21}x_{r+1}-\cdots-b_{2,n-r}x_n,\\ \qquad\vdots\\ x_r=-b_{r1}x_{r+1}-\cdots-b_{r,n-r}x_n,\end{cases}\tag{4.4}$$

由于矩阵 $\boldsymbol{A}$ 和矩阵 $\boldsymbol{B}$ 的行向量组等价,所以方程组 $\boldsymbol{A}_{m\times n}\boldsymbol{x}=\boldsymbol{0}$ 和方程组(4.4)同解. 令 $(x_{r+1},x_{r+2},\cdots,x_n)^{\mathrm{T}}=(1,0,\cdots,0)^{\mathrm{T}}$,由(4.4)式可得方程组 $\boldsymbol{A}_{m\times n}\boldsymbol{x}=\boldsymbol{0}$ 的一个非零解

$$(x_1,x_2,\cdots,x_r,x_{r+1},x_{r+2},\cdots,x_n)^{\mathrm{T}}=(-b_{11},-b_{21},\cdots,-b_{r1},1,0,\cdots,0)^{\mathrm{T}}.$$

(必要性)假设 $\mathrm{R}(\boldsymbol{A})=n$,则矩阵 $\boldsymbol{A}$ 的列向量组线性无关,对 $\boldsymbol{A}$ 作初等行变换可以化为行最简形矩阵

$$\boldsymbol{B}=\begin{pmatrix}\boldsymbol{E}_n\\ \boldsymbol{O}\end{pmatrix},$$

与矩阵 $\boldsymbol{B}$ 对应的方程组为

$$\begin{cases}x_1=0,\\ x_2=0,\\ \quad\vdots\\ x_n=0,\end{cases}\tag{4.5}$$

由于方程组 $\boldsymbol{A}_{m\times n}\boldsymbol{x}=\boldsymbol{0}$ 和方程组(4.5)同解,故方程组 $\boldsymbol{A}_{m\times n}\boldsymbol{x}=\boldsymbol{0}$ 只有零解,这与方程组 $\boldsymbol{A}_{m\times n}\boldsymbol{x}=\boldsymbol{0}$ 有非零解矛盾,所以 $\mathrm{R}(\boldsymbol{A})<n$.

例 4.1 判定齐次线性方程组

$$\begin{cases}x_1+x_2-x_3=0,\\x_1-2x_2+x_3=0,\\2x_1-x_2=0\end{cases}$$

是否有非零解?

解 由于

$$\boldsymbol{A}=\begin{pmatrix}1&1&-1\\1&-2&1\\2&-1&0\end{pmatrix}\sim\begin{pmatrix}1&1&-1\\0&3&-2\\0&0&0\end{pmatrix},$$

$R(\boldsymbol{A})=2<3$,所以该方程组有非零解.

例 4.2 当参数 λ 取何值时,方程组

$$\begin{cases}x_1+x_2-x_3=0,\\x_1-x_2+x_3=0,\\2x_1-x_2+\lambda x_3=0\end{cases}$$

只有零解?

解 由于

$$\boldsymbol{A}=\begin{pmatrix}1&1&-1\\1&-1&1\\2&-1&\lambda\end{pmatrix}\sim\begin{pmatrix}1&1&-1\\0&1&-1\\0&0&\lambda-1\end{pmatrix},$$

当 $\lambda\neq1$ 时,$R(\boldsymbol{A})=3$,所以当 $\lambda\neq1$ 时,该方程组只有零解.

4.1.2 齐次线性方程组解的结构

性质 4.1 若 $\boldsymbol{\xi}_1,\boldsymbol{\xi}_2$ 是齐次线性方程组 $\boldsymbol{Ax}=\boldsymbol{0}$ 的两个解,则 $\boldsymbol{x}=\boldsymbol{\xi}_1+\boldsymbol{\xi}_2$ 也是 $\boldsymbol{Ax}=\boldsymbol{0}$ 的解.

证 由于 $\boldsymbol{A}(\boldsymbol{\xi}_1+\boldsymbol{\xi}_2)=\boldsymbol{A\xi}_1+\boldsymbol{A\xi}_2=\boldsymbol{0}+\boldsymbol{0}=\boldsymbol{0}$,故 $\boldsymbol{x}=\boldsymbol{\xi}_1+\boldsymbol{\xi}_2$ 是 $\boldsymbol{Ax}=\boldsymbol{0}$ 的解.

性质 4.2 若 $\boldsymbol{x}=\boldsymbol{\xi}$ 是齐次线性方程组 $\boldsymbol{Ax}=\boldsymbol{0}$ 的解,则对任意的数 $k\in\mathbb{R}$,$\boldsymbol{x}=k\boldsymbol{\xi}$ 也是 $\boldsymbol{Ax}=\boldsymbol{0}$ 的解.

证 由于 $\boldsymbol{A}(k\boldsymbol{\xi})=k\boldsymbol{A\xi}=\boldsymbol{0}$,故 $\boldsymbol{x}=k\boldsymbol{\xi}$ 是 $\boldsymbol{Ax}=\boldsymbol{0}$ 的解.

由性质 4.1、性质 4.2 可知,齐次线性方程组 $\boldsymbol{Ax}=\boldsymbol{0}$ 的所有解向量所组成的集合 S 对于向量的线性运算是封闭的,所以集合 S 构成一个向量空间,称为齐次线性方程组 $\boldsymbol{Ax}=\boldsymbol{0}$ 的**解空间**.

定义 4.1 齐次线性方程组 $\boldsymbol{Ax}=\boldsymbol{0}$ 的解空间 S 的一个基称为 $\boldsymbol{Ax}=\boldsymbol{0}$ 的一个基础解系.

下面来求齐次线性方程组 $\boldsymbol{Ax}=\boldsymbol{0}$ 的解空间 S 的基和维数.

由定理 4.1 充分性的证明可知,方程组(4.1)的同解方程组为

$$\begin{cases} x_1 = -b_{11}x_{r+1} - b_{12}x_{r+2} - \cdots - b_{1,n-r}x_n, \\ x_2 = -b_{21}x_{r+1} - b_{22}x_{r+2} - \cdots - b_{2,n-r}x_n, \\ \quad \vdots \\ x_r = -b_{r1}x_{r+1} - b_{r2}x_{r+2} - \cdots - b_{r,n-r}x_n. \end{cases} \tag{4.6}$$

其中 $x_{r+1},x_{r+2},\cdots,x_n$ 是自由变量.令 $x_{r+1},x_{r+2},\cdots,x_n$ 取下列 $n-r$ 组数:

$$\begin{pmatrix} x_{r+1} \\ x_{r+2} \\ \vdots \\ x_n \end{pmatrix} = \begin{pmatrix} 1 \\ 0 \\ \vdots \\ 0 \end{pmatrix}, \begin{pmatrix} 0 \\ 1 \\ \vdots \\ 0 \end{pmatrix}, \cdots, \begin{pmatrix} 0 \\ 0 \\ \vdots \\ 1 \end{pmatrix},$$

由方程组(4.6)依次可得

$$\begin{pmatrix} x_1 \\ \vdots \\ x_r \end{pmatrix} = \begin{pmatrix} -b_{11} \\ \vdots \\ -b_{r1} \end{pmatrix}, \begin{pmatrix} -b_{12} \\ \vdots \\ -b_{r2} \end{pmatrix}, \cdots, \begin{pmatrix} -b_{1,n-r} \\ \vdots \\ -b_{r,n-r} \end{pmatrix},$$

从而求得方程组(4.6)(亦即方程组(4.1))的 $n-r$ 个解

$$\boldsymbol{\xi}_1 = \begin{pmatrix} -b_{11} \\ \vdots \\ -b_{r1} \\ 1 \\ 0 \\ \vdots \\ 0 \end{pmatrix}, \quad \boldsymbol{\xi}_2 = \begin{pmatrix} -b_{12} \\ \vdots \\ -b_{r2} \\ 0 \\ 1 \\ \vdots \\ 0 \end{pmatrix}, \quad \cdots, \quad \boldsymbol{\xi}_{n-r} = \begin{pmatrix} -b_{1,n-r} \\ \vdots \\ -b_{r,n-r} \\ 0 \\ 0 \\ \vdots \\ 1 \end{pmatrix}.$$

下面证明$\boldsymbol{\xi}_1,\boldsymbol{\xi}_2,\cdots,\boldsymbol{\xi}_{n-r}$是解空间 S 的一个基.

首先证明$\boldsymbol{\xi}_1,\boldsymbol{\xi}_2,\cdots,\boldsymbol{\xi}_{n-r}$线性无关.由于$\boldsymbol{\xi}_1,\boldsymbol{\xi}_2,\cdots,\boldsymbol{\xi}_{n-r}$的后 $n-r$ 个分量构成的向量组线性无关,所以在每个向量前面增加 r 个分量而得到的 $n-r$ 个 n 维向量$\boldsymbol{\xi}_1,\boldsymbol{\xi}_2,\cdots,\boldsymbol{\xi}_{n-r}$也线性无关.

其次证明方程组(4.1)的任意一个解$\boldsymbol{\xi} = \begin{pmatrix} k_1 \\ \vdots \\ k_r \\ k_{r+1} \\ \vdots \\ k_n \end{pmatrix}$都可由$\boldsymbol{\xi}_1,\boldsymbol{\xi}_2,\cdots,\boldsymbol{\xi}_{n-r}$线性表示.令

$$\boldsymbol{\eta} = k_{r+1}\boldsymbol{\xi}_1 + k_{r+2}\boldsymbol{\xi}_2 + \cdots + k_n\boldsymbol{\xi}_{n-r},$$

则$\boldsymbol{\eta}$是方程组(4.1)的解,比较$\boldsymbol{\eta}$和$\boldsymbol{\xi}$,它们的后 $n-r$ 个分量对应相等,由于它们都是

方程组(4.6)的解，从而可以得到它们的前 r 个分量必然对应相等，因此 $\boldsymbol{\eta}=\boldsymbol{\xi}$，即

$$\boldsymbol{\xi}=k_{r+1}\boldsymbol{\xi}_1+k_{r+2}\boldsymbol{\xi}_2+\cdots+k_n\boldsymbol{\xi}_{n-r}.$$

这就证明了 $\boldsymbol{\xi}_1,\boldsymbol{\xi}_2,\cdots,\boldsymbol{\xi}_{n-r}$ 是解空间 S 的一个基，解空间的维数 $\dim S=n-r$.

定理 4.2　n 元齐次线性方程组 $\boldsymbol{A}_{m\times n}\boldsymbol{x}=\boldsymbol{0}$ 的系数矩阵的秩 $\mathrm{R}(\boldsymbol{A})=r$ 时，其基础解系所含向量的个数为 $n-r$，即解空间的维数为 $n-r$.

若 $\boldsymbol{\xi}_1,\cdots,\boldsymbol{\xi}_{n-r}$ 是齐次线性方程组 $\boldsymbol{A}_{m\times n}\boldsymbol{x}=\boldsymbol{0}$ 的基础解系，则 $\boldsymbol{A}_{m\times n}\boldsymbol{x}=\boldsymbol{0}$ 的任一解可表示为

$$\boldsymbol{x}=k_1\boldsymbol{\xi}_1+\cdots+k_{n-r}\boldsymbol{\xi}_{n-r},$$

其中 $k_1,\cdots,k_{n-r}$ 为任意实数，该式称为 $\boldsymbol{A}_{m\times n}\boldsymbol{x}=\boldsymbol{0}$ 的**通解**. 此时，**解空间**可表示为

$$S=\{\boldsymbol{x}=k_1\boldsymbol{\xi}_1+\cdots+k_{n-r}\boldsymbol{\xi}_{n-r}\mid k_1,\cdots,k_{n-r}\in\mathbb{R}\}.$$

例 4.3　求齐次线性方程组

$$\begin{cases}x_1+2x_2+4x_3-3x_4=0,\\3x_1+5x_2+6x_3-4x_4=0,\\4x_1+5x_2-2x_3+3x_4=0\end{cases}$$

的基础解系和通解.

解　由于

$$\boldsymbol{A}=\begin{pmatrix}1&2&4&-3\\3&5&6&-4\\4&5&-2&3\end{pmatrix}\sim\begin{pmatrix}1&0&-8&7\\0&1&6&-5\\0&0&0&0\end{pmatrix},$$

于是有同解方程组

$$\begin{cases}x_1-8x_3+7x_4=0,\\x_2+6x_3-5x_4=0,\end{cases}$$

即

$$\begin{cases}x_1=8x_3-7x_4,\\x_2=-6x_3+5x_4,\end{cases}\tag{4.7}$$

令 $\begin{pmatrix}x_3\\x_4\end{pmatrix}=\begin{pmatrix}1\\0\end{pmatrix},\begin{pmatrix}0\\1\end{pmatrix}$，得到基础解系

$$\boldsymbol{\xi}_1=\begin{pmatrix}8\\-6\\1\\0\end{pmatrix},\quad\boldsymbol{\xi}_2=\begin{pmatrix}-7\\5\\0\\1\end{pmatrix},$$

故方程组的通解为 $\boldsymbol{x}=k_1\boldsymbol{\xi}_1+k_2\boldsymbol{\xi}_2\ (k_1,k_2\in\mathbb{R})$.

求基础解系和通解还可用下面的方法.

将(4.7)式改写为

$$\begin{cases} x_1 = 8x_3 - 7x_4, \\ x_2 = -6x_3 + 5x_4, \\ x_3 = x_3, \\ x_4 = x_4, \end{cases} \tag{4.8}$$

再将(4.8)式改写为向量形式,并令 $x_3=k_1, x_2=k_2$,得到方程组的通解

$$\boldsymbol{x} = \begin{pmatrix} x_1 \\ x_2 \\ x_3 \\ x_4 \end{pmatrix} = k_1\begin{pmatrix} 8 \\ -6 \\ 1 \\ 0 \end{pmatrix} + k_2\begin{pmatrix} -7 \\ 5 \\ 0 \\ 1 \end{pmatrix}, \quad k_1, k_2 \in \mathbb{R}.$$

例 4.4 求数 λ,使齐次线性方程组

$$\begin{cases} (\lambda+3)x_1 + x_2 + 2x_3 = 0, \\ \lambda x_1 + (\lambda-1)x_2 + x_3 = 0, \\ 3(\lambda+1)x_1 + \lambda x_2 + (\lambda+3)x_3 = 0 \end{cases}$$

有非零解,并求其通解.

解 系数行列式为

$$D = \begin{vmatrix} \lambda+3 & 1 & 2 \\ \lambda & \lambda-1 & 1 \\ 3(\lambda+1) & \lambda & \lambda+3 \end{vmatrix} = \lambda^2(\lambda-1),$$

当 $\lambda=0,1$ 时,方程组有非零解.

当 $\lambda=0$ 时,原方程组为

$$\begin{cases} 3x_1 + x_2 + 2x_3 = 0, \\ -x_2 + x_3 = 0, \\ 3x_1 + 3x_3 = 0, \end{cases} \tag{4.9}$$

其系数矩阵为

$$\boldsymbol{A} = \begin{pmatrix} 3 & 1 & 2 \\ 0 & -1 & 1 \\ 3 & 0 & 3 \end{pmatrix} \sim \begin{pmatrix} 1 & 0 & 1 \\ 0 & 1 & -1 \\ 0 & 0 & 0 \end{pmatrix},$$

同解方程组为

$$\begin{cases} x_1 = -x_3, \\ x_2 = x_3, \\ x_3 = x_3, \end{cases}$$

方程组(4.9)的通解为

$$\boldsymbol{x} = \begin{pmatrix} x_1 \\ x_2 \\ x_3 \end{pmatrix} = k\begin{pmatrix} -1 \\ 1 \\ 1 \end{pmatrix}, \quad k \in \mathbb{R}.$$

当 $\lambda=1$ 时，原方程组为

$$\begin{cases}4x_1+x_2+2x_3=0,\\x_1+x_3=0,\\6x_1+x_2+4x_3=0,\end{cases}\tag{4.10}$$

其系数矩阵为

$$\boldsymbol{A}=\begin{pmatrix}4&1&2\\1&0&1\\6&1&4\end{pmatrix}\sim\begin{pmatrix}1&0&1\\0&1&-2\\0&0&0\end{pmatrix}$$

同解方程组为

$$\begin{cases}x_1=-x_3,\\x_2=2x_3,\\x_3=x_3,\end{cases}$$

方程组(4.10)的通解为

$$\boldsymbol{x}=\begin{pmatrix}x_1\\x_2\\x_3\end{pmatrix}=k\begin{pmatrix}-1\\2\\1\end{pmatrix},\quad k\in\mathbb{R}.$$

例 4.5　设 $\boldsymbol{B}$ 是一个三阶非零矩阵，其每一列均为方程组

$$\begin{cases}x_1+x_2-x_3=0,\\2x_1-x_2+\lambda x_3=0,\\3x_1+x_2-x_3=0\end{cases}$$

的解，求 λ 的值和 $|\boldsymbol{B}|$.

解　因 $\boldsymbol{B}$ 是一个三阶非零矩阵，故 $\boldsymbol{B}$ 中至少有一列不是零向量，又由于 $\boldsymbol{B}$ 的每一列均是齐次线性方程组的解，因此齐次线性方程组有非零解，从而其系数行列式满足

$$|\boldsymbol{A}|=\begin{vmatrix}1&2&-2\\2&-1&\lambda\\3&1&-1\end{vmatrix}=5(\lambda-1)=0,$$

所以 $\lambda=1$.

当 $\lambda=1$ 时，$\mathrm{R}(\boldsymbol{A})=2<3$，基础解系中只含有一个解向量，亦即 $\boldsymbol{B}$ 的 3 个列向量线性相关，故 $|\boldsymbol{B}|=0$.

例 4.6　设 $\boldsymbol{A}$ 为 $m\times n$ 实矩阵，证明 $\mathrm{R}(\boldsymbol{A}^{\mathrm{T}}\boldsymbol{A})=\mathrm{R}(\boldsymbol{A})$.

证　设向量 $\boldsymbol{x}$ 是线性方程组 $\boldsymbol{Ax}=\boldsymbol{0}$ 的解，则 $\boldsymbol{A}^{\mathrm{T}}(\boldsymbol{Ax})=\boldsymbol{0}$，$(\boldsymbol{A}^{\mathrm{T}}\boldsymbol{A})\boldsymbol{x}=\boldsymbol{0}$，即 $\boldsymbol{x}$ 是线性方程组 $(\boldsymbol{A}^{\mathrm{T}}\boldsymbol{A})\boldsymbol{x}=\boldsymbol{0}$ 的解；

又若 $\boldsymbol{x}$ 是线性方程组 $(\boldsymbol{A}^{\mathrm{T}}\boldsymbol{A})\boldsymbol{x}=\boldsymbol{0}$ 的解，则 $\boldsymbol{x}^{\mathrm{T}}(\boldsymbol{A}^{\mathrm{T}}\boldsymbol{A})\boldsymbol{x}=\boldsymbol{0}$，$(\boldsymbol{Ax})^{\mathrm{T}}(\boldsymbol{Ax})=\boldsymbol{0}$，令 $\boldsymbol{Ax}=(b_1,b_2,\cdots,b_m)^{\mathrm{T}}$，则 $(\boldsymbol{Ax})^{\mathrm{T}}(\boldsymbol{Ax})=b_1^2+b_2^2+\cdots+b_m^2=0$，从而

$$b_1 = b_2 = \cdots = b_m = 0,$$

所以有 $\boldsymbol{Ax}=\boldsymbol{0}$,即 $\boldsymbol{x}$ 是线性方程组 $\boldsymbol{Ax}=\boldsymbol{0}$ 的解.

综上所述,方程组 $\boldsymbol{Ax}=\boldsymbol{0}$ 与方程组 $(\boldsymbol{A}^{\mathrm{T}}\boldsymbol{A})\boldsymbol{x}=\boldsymbol{0}$ 同解,因而它们的解空间的维数相同,$n-\mathrm{R}(\boldsymbol{A}^{\mathrm{T}}\boldsymbol{A})=n-\mathrm{R}(\boldsymbol{A})$,所以 $\mathrm{R}(\boldsymbol{A}^{\mathrm{T}}\boldsymbol{A})=\mathrm{R}(\boldsymbol{A})$.

4.2 非齐次线性方程组

含有 n 个变量 $x_1, x_2, \cdots, x_n$ 的非齐次线性方程组的一般形式为

$$\begin{cases} a_{11}x_1 + a_{12}x_2 + \cdots + a_{1n}x_n = b_1, \\ a_{21}x_1 + a_{22}x_2 + \cdots + a_{2n}x_n = b_2, \\ \qquad\vdots \\ a_{m1}x_1 + a_{m2}x_2 + \cdots + a_{mn}x_n = b_m. \end{cases} \tag{4.11}$$

设

$$\boldsymbol{A} = \begin{pmatrix} a_{11} & \cdots & a_{1n} \\ \vdots & & \vdots \\ a_{m1} & \cdots & a_{mn} \end{pmatrix}, \quad \boldsymbol{x} = \begin{pmatrix} x_1 \\ \vdots \\ x_n \end{pmatrix}, \quad \boldsymbol{b} = \begin{pmatrix} b_1 \\ \vdots \\ b_m \end{pmatrix},$$

则非齐次线性方程组(4.11)也可记为矩阵形式

$$\boldsymbol{Ax} = \boldsymbol{b}, \tag{4.12}$$

其中矩阵 $\boldsymbol{A}$ 称为方程组(4.12)的**系数矩阵**,分块矩阵 $\boldsymbol{B}=(\boldsymbol{A} \mid \boldsymbol{b})$ 称为方程组(4.12)的**增广矩阵**.

若把矩阵 $\boldsymbol{A}$ 看作由列向量组构成的矩阵,即 $\boldsymbol{A}=(\boldsymbol{\alpha}_1, \boldsymbol{\alpha}_2, \cdots, \boldsymbol{\alpha}_n)$,则方程组(4.11)可以写成向量形式

$$x_1\boldsymbol{\alpha}_1 + x_2\boldsymbol{\alpha}_2 + \cdots + x_n\boldsymbol{\alpha}_n = \boldsymbol{b}. \tag{4.13}$$

若存在一组数 $\boldsymbol{\xi}_1, \boldsymbol{\xi}_2, \cdots, \boldsymbol{\xi}_n$ 满足方程组(4.11),则称方程组(4.11)**有解**;否则,称方程组(4.11)**无解**.若方程组(4.11)有解,则称方程组(4.11)是**相容的**,否则称为**不相容的**.

在非齐次线性方程组 $\boldsymbol{Ax}=\boldsymbol{b}$ 中,令 $\boldsymbol{b}=\boldsymbol{0}$,得到齐次线性方程组 $\boldsymbol{Ax}=\boldsymbol{0}$,此时齐次线性方程组 $\boldsymbol{Ax}=\boldsymbol{0}$ 称为由非齐次线性方程组 $\boldsymbol{Ax}=\boldsymbol{b}$ **导出的齐次线性方程组**(简称**导出组**),或者称为与非齐次线性方程组 $\boldsymbol{Ax}=\boldsymbol{b}$ **对应的齐次线性方程组**.

4.2.1 非齐次线性方程组解的判定定理

求解非齐次线性方程组的首要问题是判定该方程组是否有解.

定理 4.3 非齐次线性方程组 $\boldsymbol{Ax}=\boldsymbol{b}$ 有解的充分必要条件是系数矩阵 $\boldsymbol{A}$ 的秩等于增广矩阵 $\boldsymbol{B}=(\boldsymbol{A} \mid \boldsymbol{b})$ 的秩.

证 (必要性)若 $\boldsymbol{Ax}=\boldsymbol{b}$ 有解,则(4.13)式成立,这表明向量 $\boldsymbol{b}$ 能够由 $\boldsymbol{A}$ 的列向量组线性表示,从而向量组 $\boldsymbol{\alpha}_1,\boldsymbol{\alpha}_2,\cdots,\boldsymbol{\alpha}_n$ 与向量组 $\boldsymbol{\alpha}_1,\boldsymbol{\alpha}_2,\cdots,\boldsymbol{\alpha}_n,\boldsymbol{b}$ 等价,即 $\boldsymbol{A}$ 的列秩与 $\boldsymbol{B}$ 的列秩相等,故 $\mathrm{R}(\boldsymbol{A})=\mathrm{R}(\boldsymbol{B})$.

(充分性)若 $\mathrm{R}(\boldsymbol{A})=\mathrm{R}(\boldsymbol{B})$,则 $\boldsymbol{A}$ 的列向量组的极大无关组也是 $\boldsymbol{B}$ 的列向量组的极大无关组,$\boldsymbol{b}$ 可由 $\boldsymbol{A}$ 的列向量组的极大无关组线性表示,因而 $\boldsymbol{b}$ 可由 $\boldsymbol{A}$ 的列向量组线性表示,故 $\boldsymbol{Ax}=\boldsymbol{b}$ 有解.

对于非齐次线性方程组 $\boldsymbol{Ax}=\boldsymbol{b}$ 解的判定可以归纳如下:

(1) 若 $\mathrm{R}(\boldsymbol{A})\neq\mathrm{R}(\boldsymbol{B})$,则 $\boldsymbol{Ax}=\boldsymbol{b}$ 无解;

(2) 若 $\mathrm{R}(\boldsymbol{A})=\mathrm{R}(\boldsymbol{B})=r$,则 $\boldsymbol{Ax}=\boldsymbol{b}$ 有解.此时,

① 当 $r=n$ 时,则 $\boldsymbol{Ax}=\boldsymbol{b}$ 有惟一解,

② 当 $r<n$ 时,则 $\boldsymbol{Ax}=\boldsymbol{b}$ 有无穷多组解.

4.2.2 非齐次线性方程组解的结构

性质 4.3 若 $\boldsymbol{\eta}_1,\boldsymbol{\eta}_2$ 是非齐次线性方程组 $\boldsymbol{Ax}=\boldsymbol{b}$ 的解,则 $\boldsymbol{\eta}_1-\boldsymbol{\eta}_2$ 是其对应的齐次线性方程组 $\boldsymbol{Ax}=\boldsymbol{0}$ 的解.

证 由于 $\boldsymbol{A}(\boldsymbol{\eta}_1-\boldsymbol{\eta}_2)=\boldsymbol{A\eta}_1-\boldsymbol{A\eta}_2=\boldsymbol{b}-\boldsymbol{b}=\boldsymbol{0}$,故 $\boldsymbol{\eta}_1-\boldsymbol{\eta}_2$ 是 $\boldsymbol{Ax}=\boldsymbol{0}$ 的解.

性质 4.4 若 $\boldsymbol{\eta}$ 是非齐次线性方程组 $\boldsymbol{Ax}=\boldsymbol{b}$ 的解,$\boldsymbol{\xi}$ 是其对应的齐次线性方程组 $\boldsymbol{Ax}=\boldsymbol{0}$ 的解,则 $\boldsymbol{\xi}+\boldsymbol{\eta}$ 是非齐次线性方程组 $\boldsymbol{Ax}=\boldsymbol{b}$ 的解.

证 由于 $\boldsymbol{A}(\boldsymbol{\xi}+\boldsymbol{\eta})=\boldsymbol{A\xi}+\boldsymbol{A\eta}=\boldsymbol{0}+\boldsymbol{b}=\boldsymbol{b}$,故 $\boldsymbol{\xi}+\boldsymbol{\eta}$ 是非齐次线性方程组 $\boldsymbol{Ax}=\boldsymbol{b}$ 的解.

定理 4.4(结构定理) 设非齐次线性方程组 $\boldsymbol{A}_{m\times n}\boldsymbol{x}=\boldsymbol{b}$ 的系数矩阵 $\boldsymbol{A}$ 的秩为 r,对应的齐次线性方程组 $\boldsymbol{A}_{m\times n}\boldsymbol{x}=\boldsymbol{0}$ 的基础解系为 $\boldsymbol{\xi}_1,\boldsymbol{\xi}_2,\cdots,\boldsymbol{\xi}_{n-r}$,$\boldsymbol{\eta}^*$ 是方程组 $\boldsymbol{A}_{m\times n}\boldsymbol{x}=\boldsymbol{b}$ 的一个特解,则方程组 $\boldsymbol{A}_{m\times n}\boldsymbol{x}=\boldsymbol{b}$ 的通解为

$$\boldsymbol{x}=\boldsymbol{\eta}^*+k_1\boldsymbol{\xi}_1+k_2\boldsymbol{\xi}_2+\cdots+k_{n-r}\boldsymbol{\xi}_{n-r},\quad k_i\in\mathbb{R},i=1,2,\cdots,n-r.\quad(4.14)$$

证 设 $\boldsymbol{x}$ 是 $\boldsymbol{Ax}=\boldsymbol{b}$ 的任一解,由性质 4.3 知,$\boldsymbol{x}-\boldsymbol{\eta}^*$ 是 $\boldsymbol{Ax}=\boldsymbol{0}$ 的解,可以由基础解系 $\boldsymbol{\xi}_1,\boldsymbol{\xi}_2,\cdots,\boldsymbol{\xi}_{n-r}$ 线性表示为 $\boldsymbol{x}-\boldsymbol{\eta}^*=k_1\boldsymbol{\xi}_1+k_2\boldsymbol{\xi}_2+\cdots+k_{n-r}\boldsymbol{\xi}_{n-r}$,所以有

$$\boldsymbol{x}=\boldsymbol{\eta}^*+k_1\boldsymbol{\xi}_1+k_2\boldsymbol{\xi}_2+\cdots+k_{n-r}\boldsymbol{\xi}_{n-r},\quad k_i\in\mathbb{R},i=1,2,\cdots,n-r.$$

例 4.7 设 $\boldsymbol{\eta}_1,\boldsymbol{\eta}_2,\cdots,\boldsymbol{\eta}_r$ 是非齐次线性方程组 $\boldsymbol{Ax}=\boldsymbol{b}$ 的 r 个解,证明 $k_1\boldsymbol{\eta}_1+k_2\boldsymbol{\eta}_2+\cdots+k_r\boldsymbol{\eta}_r$ 也是 $\boldsymbol{Ax}=\boldsymbol{b}$ 的解,其中 $k_i\in\mathbb{R}\,(i=1,2,\cdots,r)$,并且 $\sum\limits_{i=1}^{r}k_i=1$.

证 由于 $\boldsymbol{\eta}_1,\boldsymbol{\eta}_2,\cdots,\boldsymbol{\eta}_r$ 是非齐次线性方程组 $\boldsymbol{Ax}=\boldsymbol{b}$ 的 r 个解,所以有

$$\boldsymbol{A}(k_1\boldsymbol{\eta}_1+k_2\boldsymbol{\eta}_2+\cdots+k_r\boldsymbol{\eta}_r)=k_1(\boldsymbol{A\eta}_1)+k_2(\boldsymbol{A\eta}_2)+\cdots+k_r(\boldsymbol{A\eta}_r)=\boldsymbol{b}\sum_{i=1}^{r}k_i,$$

因 $\sum\limits_{i=1}^{r}k_i=1$,故 $\boldsymbol{A}(k_1\boldsymbol{\eta}_1+k_2\boldsymbol{\eta}_2+\cdots+k_r\boldsymbol{\eta}_r)=\boldsymbol{b}$,命题得证.

例 4.8 求解非齐次线性方程组

$$\begin{cases}x_1-x_2-x_3+x_4=0,\\x_1-x_2+x_3-3x_4=1,\\x_1-x_2-2x_3+3x_4=-\dfrac{1}{2}.\end{cases}$$

解 对增广矩阵 $\boldsymbol{B}$ 施行初等行变换,得

$$\boldsymbol{B}=\begin{pmatrix}1&-1&-1&1&0\\1&-1&1&-3&1\\1&-1&-2&3&-\dfrac{1}{2}\end{pmatrix}\sim\begin{pmatrix}1&-1&0&-1&\dfrac{1}{2}\\0&0&1&-2&\dfrac{1}{2}\\0&0&0&0&0\end{pmatrix},$$

$\mathrm{R}(\boldsymbol{A})=\mathrm{R}(\boldsymbol{B})=2<4$,故方程组有无穷多组解,其同解方程组为

$$\begin{cases}x_1=x_2+x_4+\dfrac{1}{2},\\x_3=2x_4+\dfrac{1}{2},\end{cases}\tag{4.15}$$

取 $x_2=x_4=0$,得到方程组的一个特解$\boldsymbol{\eta}^*=\dfrac{1}{2}\begin{pmatrix}1\\0\\1\\0\end{pmatrix}$.

在(4.15)式对应的齐次线性方程组

$$\begin{cases}x_1=x_2+x_4,\\x_3=2x_4\end{cases}$$

中,取$\begin{pmatrix}x_2\\x_4\end{pmatrix}=\begin{pmatrix}1\\0\end{pmatrix},\begin{pmatrix}0\\1\end{pmatrix}$,得基础解系

$$\boldsymbol{\xi}_1=\begin{pmatrix}1\\1\\0\\0\end{pmatrix},\quad\boldsymbol{\xi}_2=\begin{pmatrix}1\\0\\2\\1\end{pmatrix},$$

所以原方程组的通解为

$$\boldsymbol{x}=\begin{pmatrix}x_1\\x_2\\x_3\\x_4\end{pmatrix}=\frac{1}{2}\begin{pmatrix}1\\0\\1\\0\end{pmatrix}+k_1\begin{pmatrix}1\\1\\0\\0\end{pmatrix}+k_2\begin{pmatrix}1\\0\\2\\1\end{pmatrix},\quad k_1,k_2\in\mathbb{R}.$$

本题还可用下面的方法求解.将(4.15)式改写为

$$\begin{cases} x_1 = x_2 + x_4 + \dfrac{1}{2}, \\ x_2 = x_2, \\ x_3 = 2x_4 + \dfrac{1}{2}, \\ x_4 = x_4, \end{cases} \tag{4.16}$$

再将(4.16)式改写为向量形式,并令 $x_2 = k_1, x_4 = k_2$,得到方程组的通解

$$\boldsymbol{x} = \begin{pmatrix} x_1 \\ x_2 \\ x_3 \\ x_4 \end{pmatrix} = \frac{1}{2}\begin{pmatrix} 1 \\ 0 \\ 1 \\ 0 \end{pmatrix} + k_1 \begin{pmatrix} 1 \\ 1 \\ 0 \\ 0 \end{pmatrix} + k_2 \begin{pmatrix} 1 \\ 0 \\ 2 \\ 1 \end{pmatrix}, \quad k_1, k_2 \in \mathbb{R}.$$

例 4.9　λ 取何值时方程组

$$\begin{cases} \lambda x_1 + x_2 + x_3 = 1, \\ x_1 + \lambda x_2 + x_3 = \lambda, \\ x_1 + x_2 + \lambda x_3 = \lambda^2 \end{cases}$$

无解、有惟一解、有无穷多组解?

解　对增广矩阵施行初等行变换,得

$$\left(\begin{array}{ccc:c} \lambda & 1 & 1 & 1 \\ 1 & \lambda & 1 & \lambda \\ 1 & 1 & \lambda & \lambda^2 \end{array}\right) \sim \left(\begin{array}{ccc:c} 1 & 1 & \lambda & \lambda^2 \\ 0 & \lambda - 1 & \lambda - 1 & \lambda(1-\lambda) \\ 0 & 0 & (1-\lambda)(2+\lambda) & (1-\lambda)(1+\lambda)^2 \end{array}\right),$$

(1) 当 $\lambda = -2$ 时,$\mathrm{R}(\boldsymbol{A}) = 2 \neq \mathrm{R}(\boldsymbol{B}) = 3$,方程组无解;

(2) 当 $\lambda \neq -2, 1$ 时,$\mathrm{R}(\boldsymbol{A}) = \mathrm{R}(\boldsymbol{B}) = 3$,方程组有惟一解;

(3) 当 $\lambda = 1$ 时,$\mathrm{R}(\boldsymbol{A}) = \mathrm{R}(\boldsymbol{B}) = 1 < 3$,方程组有无穷多组解,其同解方程组为

$$\begin{cases} x_1 = -x_2 - x_3 + 1, \\ x_2 = x_2, \\ x_3 = x_3, \end{cases}$$

求得通解为

$$\boldsymbol{x} = \begin{pmatrix} x_1 \\ x_2 \\ x_3 \end{pmatrix} = \begin{pmatrix} 1 \\ 0 \\ 0 \end{pmatrix} + k_1 \begin{pmatrix} -1 \\ 1 \\ 0 \end{pmatrix} + k_2 \begin{pmatrix} -1 \\ 0 \\ 1 \end{pmatrix}, \quad k_1, k_2 \in \mathbb{R}.$$

例 4.10　设非齐次线性方程组为 $\boldsymbol{A}_{5\times 3}\boldsymbol{x} = \boldsymbol{b}$,$\mathrm{R}(\boldsymbol{A}) = 2$,$\boldsymbol{\eta}_1, \boldsymbol{\eta}_2$ 是该方程组的两个解,且 $\boldsymbol{\eta}_1 + \boldsymbol{\eta}_2 = (1,3,0)^{\mathrm{T}}$,$2\boldsymbol{\eta}_1 + 3\boldsymbol{\eta}_2 = (2,5,1)^{\mathrm{T}}$,求该方程组的通解.

解　由于 $\mathrm{R}(\boldsymbol{A}) = 2 < 3$,故方程组 $\boldsymbol{Ax} = \boldsymbol{b}$ 有非零解,且对应的齐次线性方程组 $\boldsymbol{Ax} = \boldsymbol{0}$ 的基础解系只含有一个向量.

因为$\boldsymbol{\eta}_1+\boldsymbol{\eta}_2=\begin{pmatrix}1\\3\\0\end{pmatrix}$,$2\boldsymbol{\eta}_1+3\boldsymbol{\eta}_2=\begin{pmatrix}2\\5\\1\end{pmatrix}$,所以有

$$\boldsymbol{\eta}_1=\begin{pmatrix}1\\4\\-1\end{pmatrix},\quad \boldsymbol{\eta}_2=\begin{pmatrix}0\\-1\\1\end{pmatrix},$$

因为$\boldsymbol{\eta}_1$,$\boldsymbol{\eta}_2$ 是非齐次线性方程组 $\boldsymbol{Ax}=\boldsymbol{b}$ 的两个解,故$\boldsymbol{\eta}_1-\boldsymbol{\eta}_2=\begin{pmatrix}1\\5\\-2\end{pmatrix}$是对应的齐次线性方程组 $\boldsymbol{Ax}=\boldsymbol{0}$ 的一个基础解系,所以非齐次线性方程组 $\boldsymbol{Ax}=\boldsymbol{b}$ 的通解为

$$\boldsymbol{x}=\boldsymbol{\eta}_1+k(\boldsymbol{\eta}_1-\boldsymbol{\eta}_2)=\begin{pmatrix}1\\4\\-1\end{pmatrix}+k\begin{pmatrix}1\\5\\-2\end{pmatrix},\quad k\in\mathbb{R}.$$

习题四

1. 解下列齐次线性方程组:

(1) $\begin{cases}4x_1+2x_2-x_3=0,\\3x_1-x_2+2x_3=0,\\11x_1+3x_2=0;\end{cases}$

(2) $\begin{cases}x_1+x_2+2x_3-x_4=0,\\2x_1+x_2+x_3-x_4=0,\\2x_1+2x_2+x_3+2x_4=0;\end{cases}$

(3) $\begin{cases}2x_1+3x_2-x_3+5x_4=0,\\3x_1+x_2+2x_3-7x_4=0,\\4x_1+x_2-3x_3+6x_4=0,\\x_1-2x_2+4x_3-7x_4=0;\end{cases}$

(4) $\begin{cases}x_1+2x_2-x_3+2x_4=0,\\2x_1-x_2+x_3-2x_4=0,\\x_1-x_2+2x_3+2x_4=0.\end{cases}$

2. 解下列非齐次线性方程组:

(1) $\begin{cases}x_1+2x_2-x_3=1,\\3x_1-x_2+2x_3=0,\\4x_1+2x_2-2x_3=8;\end{cases}$

(2) $\begin{cases}2x_1+3x_2+x_3=4,\\x_1-2x_2+4x_3=-5,\\3x_1+8x_2-2x_3=13,\\4x_1-x_2+9x_3=-6;\end{cases}$

(3) $\begin{cases}x_1+x_2+x_3+x_4+x_5=7,\\3x_1+2x_2+x_3+x_4-3x_5=-2,\\x_2+2x_3+2x_4+6x_5=23,\\5x_1+4x_2+3x_3+3x_4-x_5=12;\end{cases}$

(4) $\begin{cases}x_1-x_2+x_3-x_4+x_5=1,\\2x_1-x_2+x_3+2x_4-x_5=-1,\\x_1+x_2-2x_3+x_4-3x_5=2,\\x_1+x_2-x_3+x_4-2x_5=1.\end{cases}$

3. 求一个齐次线性方程组，使它的基础解系为

$$\boldsymbol{\xi}_1=(0,1,2,3)^{\mathrm{T}},\quad \boldsymbol{\xi}_2=(3,2,1,0)^{\mathrm{T}}.$$

4. 设方阵 $\boldsymbol{A}=\begin{pmatrix}1&1&2\\2&2&4\\3&3&6\end{pmatrix}$，求一个秩为 2 的方阵 $\boldsymbol{B}$，使得 $\boldsymbol{AB}=\boldsymbol{O}$.

5. 设 $\boldsymbol{A}$ 为 n 阶方阵，证明存在 n 阶非零方阵 $\boldsymbol{B}$，使得 $\boldsymbol{AB}=\boldsymbol{O}$ 的充分必要条件是 $|\boldsymbol{A}|=\boldsymbol{0}$.

6. 设 $\boldsymbol{A},\boldsymbol{B}$ 为 n 阶方阵，且 $\boldsymbol{AB}=\boldsymbol{O}$，证明 $\mathrm{R}(\boldsymbol{A})+\mathrm{R}(\boldsymbol{B})\leqslant n$.

7. 设 n 阶方阵 $\boldsymbol{A}$ 满足 $\boldsymbol{A}^2=\boldsymbol{A}$，$\boldsymbol{E}$ 为 n 阶单位矩阵，证明 $\mathrm{R}(\boldsymbol{A})+\mathrm{R}(\boldsymbol{A}-\boldsymbol{E})=n$.

8. λ 取何值时，非齐次线性方程组

$$\begin{cases}-2x_1+x_2+x_3=-2,\\x_1-2x_2+x_3=\lambda,\\x_1+x_2-2x_3=\lambda^2\end{cases}$$

有解？并求出它的解.

9. λ 取何值时，非齐次线性方程组

$$\begin{cases}(2-\lambda)x_1+2x_2-2x_3=1,\\2x_1+(5-\lambda)x_2-4x_3=2,\\-2x_1-4x_2+(5-\lambda)x_3=-\lambda-1\end{cases}$$

有惟一解、无解或无穷多解？并在有无穷多解时求其通解.

10. 设 $\boldsymbol{A}=(\boldsymbol{\alpha}_1,\boldsymbol{\alpha}_2,\boldsymbol{\alpha}_3,\boldsymbol{\alpha}_4)$，$\boldsymbol{\alpha}_2,\boldsymbol{\alpha}_3,\boldsymbol{\alpha}_4$ 线性无关，$\boldsymbol{\alpha}_1=2\boldsymbol{\alpha}_2-\boldsymbol{\alpha}_3$，$\boldsymbol{\beta}=\boldsymbol{\alpha}_1+\boldsymbol{\alpha}_2+\boldsymbol{\alpha}_3+\boldsymbol{\alpha}_4$，求非齐次线性方程组 $\boldsymbol{Ax}=\boldsymbol{\beta}$ 的通解.

11. 设 $\boldsymbol{\eta}^*$ 是非齐次线性方程组 $\boldsymbol{Ax}=\boldsymbol{b}$ 的一个解，$\boldsymbol{\xi}_1,\boldsymbol{\xi}_2,\cdots,\boldsymbol{\xi}_{n-r}$ 是对应的齐次线性方程组 $\boldsymbol{Ax}=\boldsymbol{0}$ 的基础解系，证明：

(1) $\boldsymbol{\eta}^*,\boldsymbol{\xi}_1,\boldsymbol{\xi}_2,\cdots,\boldsymbol{\xi}_{n-r}$ 线性无关；

(2) $\boldsymbol{\eta}^*,\boldsymbol{\eta}^*+\boldsymbol{\xi}_1,\boldsymbol{\eta}^*+\boldsymbol{\xi}_2,\cdots,\boldsymbol{\eta}^*+\boldsymbol{\xi}_{n-r}$ 线性无关.

第 5 章

相似矩阵及二次型

本章主要讨论方阵的特征值与特征向量、方阵的对角化和二次型的化简等问题. 其中涉及向量的内积、长度及正交性等知识. 下面先来介绍基本概念.

5.1 向量的内积

5.1.1 向量内积的定义

定义 5.1 设有 n 维向量

$$\boldsymbol{x}=\begin{pmatrix}x_1\\x_2\\\vdots\\x_n\end{pmatrix},\quad \boldsymbol{y}=\begin{pmatrix}y_1\\y_2\\\vdots\\y_n\end{pmatrix},$$

称数 $x_1y_1+x_2y_2+\cdots+x_ny_n$ 为向量 $\boldsymbol{x}$ 与向量 $\boldsymbol{y}$ 的内积,记为 $\langle\boldsymbol{x},\boldsymbol{y}\rangle$,即

$$\langle\boldsymbol{x},\boldsymbol{y}\rangle=x_1y_1+x_2y_2+\cdots+x_ny_n.$$

内积是向量的一种运算,当 $\boldsymbol{x}$ 与 $\boldsymbol{y}$ 都是列向量时,其矩阵表示形式为 $\langle\boldsymbol{x},\boldsymbol{y}\rangle=\boldsymbol{x}^{\mathrm{T}}\boldsymbol{y}$.

内积具有以下性质($\boldsymbol{x},\boldsymbol{y},\boldsymbol{z}$ 为 n 维向量,λ 为实数):

(1) **对称性** $\langle\boldsymbol{x},\boldsymbol{y}\rangle=\langle\boldsymbol{y},\boldsymbol{x}\rangle$;

(2) **线性性** $\langle\lambda\boldsymbol{x},\boldsymbol{y}\rangle=\langle\boldsymbol{x},\lambda\boldsymbol{y}\rangle=\lambda\langle\boldsymbol{x},\boldsymbol{y}\rangle$;$\langle\boldsymbol{x}+\boldsymbol{y},\boldsymbol{z}\rangle=\langle\boldsymbol{x},\boldsymbol{z}\rangle+\langle\boldsymbol{y},\boldsymbol{z}\rangle$;

(3) **非负性** $\langle\boldsymbol{x},\boldsymbol{x}\rangle\geqslant 0$,当且仅当 $\boldsymbol{x}=\boldsymbol{0}$ 时,$\langle\boldsymbol{x},\boldsymbol{x}\rangle=0$.

定义 5.2 称 $\|\boldsymbol{x}\|=\sqrt{\langle\boldsymbol{x},\boldsymbol{x}\rangle}=\sqrt{x_1^2+x_2^2+\cdots+x_n^2}$ 为 n 维向量 $\boldsymbol{x}$ 的长度(或范数).

当 $\|\boldsymbol{x}\|=1$ 时,称 $\boldsymbol{x}$ 为**单位向量**. 若向量 $\boldsymbol{x}\neq\boldsymbol{0}$,将向量 $\boldsymbol{x}$ 化为单位向量 $\dfrac{1}{\|\boldsymbol{x}\|}\boldsymbol{x}$ 的过程称为将向量 $\boldsymbol{x}$ **单位化(或规范化)**.

向量长度具有如下性质:

(1) **非负性** $\|x\| \geqslant 0$，当且仅当 $x=\mathbf{0}$ 时，$\|x\|=0$；

(2) **齐次性** $\|\lambda x\| = |\lambda| \|x\|$；

(3) **三角不等式** $\|x+y\| \leqslant \|x\| + \|y\|$；

(4) **柯西-施瓦茨不等式** $\langle x,y\rangle^2 \leqslant \|x\|^2 \|y\|^2$ 或 $|\langle x,y\rangle| \leqslant \|x\| \|y\|$.

显然，由柯西-施瓦茨不等式可得

$$\left|\frac{\langle x,y\rangle}{\|x\| \|y\|}\right| \leqslant 1, \quad x \neq \mathbf{0}, y \neq \mathbf{0},$$

于是有向量之间夹角的概念.

定义 5.3 当 $x\neq\mathbf{0}, y\neq\mathbf{0}$时，称

$$\theta = \arccos \frac{\langle x,y\rangle}{\|x\| \|y\|}$$

为向量 x 与 y 的夹角.

当$\langle x,y\rangle=0$ 时，称向量 x 与 y **正交**. 显然，零向量与任何维数相同的向量都正交.

例 5.1 设$\boldsymbol{\alpha}_1=\begin{pmatrix}1\\0\\1\end{pmatrix}$，$\boldsymbol{\alpha}_2=\begin{pmatrix}-1\\\sqrt{2}\\1\end{pmatrix}$，问$\boldsymbol{\alpha}_1$ 与$\boldsymbol{\alpha}_2$ 是否正交，并将$\boldsymbol{\alpha}_1$ 与$\boldsymbol{\alpha}_2$ 单位化.

解 由于

$$\langle \boldsymbol{\alpha}_1,\boldsymbol{\alpha}_2\rangle = (1,0,1)\begin{pmatrix}-1\\\sqrt{2}\\1\end{pmatrix} = 1\times(-1)+0\times\sqrt{2}+1\times1=0,$$

故$\boldsymbol{\alpha}_1$ 与$\boldsymbol{\alpha}_2$ 正交. 而

$$\|\boldsymbol{\alpha}_1\| = \sqrt{1^2+0^2+1^2}=\sqrt{2}, \quad \|\boldsymbol{\alpha}_2\| = \sqrt{(-1)^2+(\sqrt{2})^2+1^2}=2,$$

所以单位化后可得

$$\boldsymbol{e}_1 = \frac{\boldsymbol{\alpha}_1}{\|\boldsymbol{\alpha}_1\|} = \frac{1}{\sqrt{2}}\begin{pmatrix}1\\0\\1\end{pmatrix}, \quad \boldsymbol{e}_2 = \frac{\boldsymbol{\alpha}_2}{\|\boldsymbol{\alpha}_2\|} = \frac{1}{2}\begin{pmatrix}-1\\\sqrt{2}\\1\end{pmatrix}.$$

5.1.2 正交向量组

定义 5.4 若一个非零向量组的任意两个向量都正交，则称此向量组为正交向量组.

若一个正交向量组中的每一个向量都为单位向量，则称此向量组为**标准正交向量组**(或**正交规范向量组**).

下面介绍正交向量组与线性无关向量组之间的关系.

定理 5.1 若 n 维向量组$\boldsymbol{\alpha}_1,\boldsymbol{\alpha}_2,\cdots,\boldsymbol{\alpha}_m$ 为正交向量组，则$\boldsymbol{\alpha}_1,\boldsymbol{\alpha}_2,\cdots,\boldsymbol{\alpha}_m$ 线性无关.

证 设有 $k_1,k_2,\cdots,k_m\in\mathbb{R}$,使

$$k_1\boldsymbol{\alpha}_1+k_2\boldsymbol{\alpha}_2+\cdots+k_m\boldsymbol{\alpha}_m=\mathbf{0},$$

用 $\boldsymbol{\alpha}_1$ 与上式两端作内积,得

$$\langle\boldsymbol{\alpha}_1,k_1\boldsymbol{\alpha}_1+k_2\boldsymbol{\alpha}_2+\cdots+k_m\boldsymbol{\alpha}_m\rangle=0,$$

由于 $\boldsymbol{\alpha}_1$ 与 $\boldsymbol{\alpha}_2,\cdots,\boldsymbol{\alpha}_m$ 正交,即 $\langle\boldsymbol{\alpha}_1,\boldsymbol{\alpha}_2\rangle=\cdots=\langle\boldsymbol{\alpha}_1,\boldsymbol{\alpha}_m\rangle=0$,于是

$$\langle\boldsymbol{\alpha}_1,k_1\boldsymbol{\alpha}_1+k_2\boldsymbol{\alpha}_2+\cdots+k_m\boldsymbol{\alpha}_m\rangle=k_1\langle\boldsymbol{\alpha}_1,\boldsymbol{\alpha}_1\rangle=k_1\|\boldsymbol{\alpha}_1\|^2=0,$$

由于 $\boldsymbol{\alpha}_1\neq\mathbf{0}$,故 $\|\boldsymbol{\alpha}_1\|\neq0$,从而可得 $k_1=0$.

类似可证 $k_2=\cdots=k_m=0$,所以向量组 $\boldsymbol{\alpha}_1,\boldsymbol{\alpha}_2,\cdots,\boldsymbol{\alpha}_m$ 线性无关.

例 5.2 已知 $\boldsymbol{\alpha}_1=\begin{pmatrix}1\\1\\1\end{pmatrix}$,$\boldsymbol{\alpha}_2=\begin{pmatrix}1\\1\\-2\end{pmatrix}$,求非零向量 $\boldsymbol{\alpha}_3$,使 $\boldsymbol{\alpha}_1,\boldsymbol{\alpha}_2,\boldsymbol{\alpha}_3$ 为正交向量组.

解 设 $\boldsymbol{\alpha}_3=\begin{pmatrix}x_1\\x_2\\x_3\end{pmatrix}$,则 $\boldsymbol{\alpha}_3$ 应满足 $\langle\boldsymbol{\alpha}_1,\boldsymbol{\alpha}_3\rangle=0$,$\langle\boldsymbol{\alpha}_2,\boldsymbol{\alpha}_3\rangle=0$,即

$$\begin{cases}x_1+x_2+x_3=0,\\x_1+x_2-2x_3=0,\end{cases}$$

由

$$\begin{pmatrix}1&1&1\\1&1&-2\end{pmatrix}\sim\begin{pmatrix}1&1&0\\0&0&1\end{pmatrix},$$

得

$$\begin{cases}x_1=-x_2,\\x_3=0,\end{cases}$$

从而有基础解系 $\begin{pmatrix}-1\\1\\0\end{pmatrix}$,取 $\boldsymbol{\alpha}_3=\begin{pmatrix}-1\\1\\0\end{pmatrix}$,即为所求.

5.1.3 施密特正交化方法

正交向量组是线性无关的,线性无关的向量组不一定正交. 例如 $\boldsymbol{\alpha}_1=\begin{pmatrix}1\\0\end{pmatrix}$,$\boldsymbol{\alpha}_2=\begin{pmatrix}1\\1\end{pmatrix}$ 是线性无关的,但并不正交. 施密特正交化方法是将一组线性无关的向量组 $\boldsymbol{\alpha}_1,\boldsymbol{\alpha}_2,\cdots,\boldsymbol{\alpha}_m$ 作线性变换,构造一组与之等价的正交向量组 $\boldsymbol{\beta}_1,\boldsymbol{\beta}_2,\cdots,\boldsymbol{\beta}_m$ 的方法,其具体步骤如下.

取

$$\boldsymbol{\beta}_1=\boldsymbol{\alpha}_1,$$

$$\boldsymbol{\beta}_2=\boldsymbol{\alpha}_2-\frac{\langle\boldsymbol{\beta}_1,\boldsymbol{\alpha}_2\rangle}{\langle\boldsymbol{\beta}_1,\boldsymbol{\beta}_1\rangle}\boldsymbol{\beta}_1,$$

$$\vdots$$

$$\boldsymbol{\beta}_m=\boldsymbol{\alpha}_m-\frac{\langle\boldsymbol{\beta}_1,\boldsymbol{\alpha}_m\rangle}{\langle\boldsymbol{\beta}_1,\boldsymbol{\beta}_1\rangle}\boldsymbol{\beta}_1-\frac{\langle\boldsymbol{\beta}_2,\boldsymbol{\alpha}_m\rangle}{\langle\boldsymbol{\beta}_2,\boldsymbol{\beta}_2\rangle}\boldsymbol{\beta}_2-\cdots-\frac{\langle\boldsymbol{\beta}_{m-1},\boldsymbol{\alpha}_m\rangle}{\langle\boldsymbol{\beta}_{m-1},\boldsymbol{\beta}_{m-1}\rangle}\boldsymbol{\beta}_{m-1}.$$

可以验证，$\boldsymbol{\beta}_1,\boldsymbol{\beta}_2,\cdots,\boldsymbol{\beta}_m$ 是与 $\boldsymbol{\alpha}_1,\boldsymbol{\alpha}_2,\cdots,\boldsymbol{\alpha}_m$ 等价的正交向量组.

将一组线性无关的向量化为与之等价的正交向量组的过程称为向量组的**施密特(Schmidt)正交化过程**.

再将 $\boldsymbol{\beta}_1,\boldsymbol{\beta}_2\cdots,\boldsymbol{\beta}_m$ 单位化，即取

$$\boldsymbol{e}_1=\frac{\boldsymbol{\beta}_1}{\|\boldsymbol{\beta}_1\|},\boldsymbol{e}_2=\frac{\boldsymbol{\beta}_2}{\|\boldsymbol{\beta}_2\|},\cdots,\boldsymbol{e}_m=\frac{\boldsymbol{\beta}_m}{\|\boldsymbol{\beta}_m\|}.$$

可以验证，$\boldsymbol{e}_1,\boldsymbol{e}_2,\cdots,\boldsymbol{e}_m$ 为标准正交向量组.

将一组线性无关的向量正交化后再单位化的过程称为向量组的**标准正交化**(或**正交单位化、正交规范化**)**过程**.

例 5.3　设向量组 $\boldsymbol{\alpha}_1=\begin{pmatrix}1\\1\\1\end{pmatrix},\boldsymbol{\alpha}_2=\begin{pmatrix}1\\0\\2\end{pmatrix},\boldsymbol{\alpha}_3=\begin{pmatrix}1\\5\\3\end{pmatrix}$，试将其标准正交化.

解　先正交化. 令

$$\boldsymbol{\beta}_1=\boldsymbol{\alpha}_1=\begin{pmatrix}1\\1\\1\end{pmatrix},$$

$$\boldsymbol{\beta}_2=\boldsymbol{\alpha}_2-\frac{\langle\boldsymbol{\beta}_1,\boldsymbol{\alpha}_2\rangle}{\langle\boldsymbol{\beta}_1,\boldsymbol{\beta}_1\rangle}\boldsymbol{\beta}_1=\begin{pmatrix}1\\0\\2\end{pmatrix}-\frac{3}{3}\begin{pmatrix}1\\1\\1\end{pmatrix}=\begin{pmatrix}0\\-1\\1\end{pmatrix},$$

$$\boldsymbol{\beta}_3=\boldsymbol{\alpha}_3-\frac{\langle\boldsymbol{\beta}_1,\boldsymbol{\alpha}_3\rangle}{\langle\boldsymbol{\beta}_1,\boldsymbol{\beta}_1\rangle}\boldsymbol{\beta}_1-\frac{\langle\boldsymbol{\beta}_2,\boldsymbol{\alpha}_3\rangle}{\langle\boldsymbol{\beta}_2,\boldsymbol{\beta}_2\rangle}\boldsymbol{\beta}_2=\begin{pmatrix}1\\5\\3\end{pmatrix}-\frac{9}{3}\begin{pmatrix}1\\1\\1\end{pmatrix}+\frac{2}{2}\begin{pmatrix}0\\-1\\1\end{pmatrix}=\begin{pmatrix}-2\\1\\1\end{pmatrix}.$$

再单位化，令

$$\boldsymbol{e}_1=\frac{\boldsymbol{\beta}_1}{\|\boldsymbol{\beta}_1\|}=\frac{1}{\sqrt{3}}\begin{pmatrix}1\\1\\1\end{pmatrix},\quad\boldsymbol{e}_2=\frac{\boldsymbol{\beta}_2}{\|\boldsymbol{\beta}_2\|}=\frac{1}{\sqrt{2}}\begin{pmatrix}0\\-1\\1\end{pmatrix},\quad\boldsymbol{e}_3=\frac{\boldsymbol{\beta}_3}{\|\boldsymbol{\beta}_3\|}=\frac{1}{\sqrt{6}}\begin{pmatrix}-2\\1\\1\end{pmatrix}.$$

则 $\boldsymbol{e}_1,\boldsymbol{e}_2,\boldsymbol{e}_3$ 即为所求.

例 5.4 已知$\boldsymbol{\alpha}_1=\begin{pmatrix}1\\1\\-1\end{pmatrix}$,求非零向量$\boldsymbol{\alpha}_2,\boldsymbol{\alpha}_3$,使$\boldsymbol{\alpha}_1,\boldsymbol{\alpha}_2,\boldsymbol{\alpha}_3$两两正交.

解 $\boldsymbol{\alpha}_2,\boldsymbol{\alpha}_3$应满足方程$\boldsymbol{\alpha}_1^{\mathrm{T}}\boldsymbol{x}=0$,即

$$x_1+x_2-x_3=0,$$

该方程组的基础解系为

$$\boldsymbol{\xi}_1=\begin{pmatrix}-1\\1\\0\end{pmatrix},\quad \boldsymbol{\xi}_2=\begin{pmatrix}1\\0\\1\end{pmatrix},$$

将$\boldsymbol{\xi}_1,\boldsymbol{\xi}_2$正交化可得

$$\boldsymbol{\alpha}_2=\boldsymbol{\xi}_1=\begin{pmatrix}-1\\1\\0\end{pmatrix},$$

$$\boldsymbol{\alpha}_3=\boldsymbol{\xi}_2-\frac{\langle\boldsymbol{\alpha}_2,\boldsymbol{\xi}_2\rangle}{\langle\boldsymbol{\alpha}_2,\boldsymbol{\alpha}_2\rangle}\boldsymbol{\alpha}_2=\begin{pmatrix}1\\0\\1\end{pmatrix}+\frac{1}{2}\begin{pmatrix}-1\\1\\0\end{pmatrix}=\frac{1}{2}\begin{pmatrix}1\\1\\2\end{pmatrix},$$

则$\boldsymbol{\alpha}_2,\boldsymbol{\alpha}_3$即为所求.

5.1.4 正交矩阵

定义 5.5 如果n阶方阵$\boldsymbol{A}$满足$\boldsymbol{A}^{\mathrm{T}}\boldsymbol{A}=\boldsymbol{E}$,则称$\boldsymbol{A}$为正交矩阵.

定理 5.2 $\boldsymbol{A}$为正交矩阵的充分必要条件是$\boldsymbol{A}$的列(行)向量组为标准正交向量组.

证 (必要性)将$\boldsymbol{A}$用列向量表示为$\boldsymbol{A}=(\boldsymbol{\alpha}_1,\boldsymbol{\alpha}_2,\cdots,\boldsymbol{\alpha}_n)$,于是

$$\boldsymbol{A}^{\mathrm{T}}\boldsymbol{A}=\begin{pmatrix}\boldsymbol{\alpha}_1^{\mathrm{T}}\\\boldsymbol{\alpha}_2^{\mathrm{T}}\\\vdots\\\boldsymbol{\alpha}_n^{\mathrm{T}}\end{pmatrix}(\boldsymbol{\alpha}_1,\boldsymbol{\alpha}_2,\cdots,\boldsymbol{\alpha}_n)=\begin{pmatrix}\boldsymbol{\alpha}_1^{\mathrm{T}}\boldsymbol{\alpha}_1 & \boldsymbol{\alpha}_1^{\mathrm{T}}\boldsymbol{\alpha}_2 & \cdots & \boldsymbol{\alpha}_1^{\mathrm{T}}\boldsymbol{\alpha}_n\\\boldsymbol{\alpha}_2^{\mathrm{T}}\boldsymbol{\alpha}_1 & \boldsymbol{\alpha}_2^{\mathrm{T}}\boldsymbol{\alpha}_2 & \cdots & \boldsymbol{\alpha}_2^{\mathrm{T}}\boldsymbol{\alpha}_n\\\vdots & \vdots & & \vdots\\\boldsymbol{\alpha}_n^{\mathrm{T}}\boldsymbol{\alpha}_1 & \boldsymbol{\alpha}_n^{\mathrm{T}}\boldsymbol{\alpha}_2 & \cdots & \boldsymbol{\alpha}_n^{\mathrm{T}}\boldsymbol{\alpha}_n\end{pmatrix}=\boldsymbol{E},$$

亦即

$$\boldsymbol{\alpha}_i^{\mathrm{T}}\boldsymbol{\alpha}_j=\delta_{ij}=\begin{cases}1, & i=j,\\0, & i\neq j,\end{cases}\quad i,j=1,2,\cdots,n.$$

这说明$\boldsymbol{A}$的列向量组为标准正交向量组.

上述证明可以逆推,故充分性也成立.

同理可证$\boldsymbol{A}$的行向量组也为标准正交向量组.

例 5.5 验证矩阵

$$A = \begin{pmatrix} -\frac{1}{2} & \frac{1}{2} & -\frac{1}{2} & \frac{1}{2} \\ -\frac{1}{2} & \frac{1}{2} & \frac{1}{2} & -\frac{1}{2} \\ \frac{1}{\sqrt{2}} & \frac{1}{\sqrt{2}} & 0 & 0 \\ 0 & 0 & \frac{1}{\sqrt{2}} & \frac{1}{\sqrt{2}} \end{pmatrix}$$

为正交矩阵.

解 经计算可知,$\boldsymbol{A}$ 的每个列向量都是单位向量,且两两正交,故 $\boldsymbol{A}$ 是正交矩阵.

正交矩阵具有以下性质:

(1) 若 $\boldsymbol{A}$ 为正交矩阵,则 $|\boldsymbol{A}|=\pm 1$;

(2) 若 $\boldsymbol{A}$ 为正交矩阵,则 $\boldsymbol{A}^{\mathrm{T}},\boldsymbol{A}^{-1}$ 也为正交矩阵;

(3) 若 $\boldsymbol{A},\boldsymbol{B}$ 为同阶正交矩阵,则 $\boldsymbol{AB}$ 为正交矩阵.

定义 5.6 如 $\boldsymbol{A}$ 为正交矩阵,则线性变换 $\boldsymbol{y}=\boldsymbol{Ax}$ 称为正交变换.

设 $\boldsymbol{y}=\boldsymbol{Ax}$ 为正交变换,则有

$$\| \boldsymbol{y} \| = \sqrt{\boldsymbol{y}^{\mathrm{T}}\boldsymbol{y}} = \sqrt{\boldsymbol{x}^{\mathrm{T}}\boldsymbol{A}^{\mathrm{T}}\boldsymbol{A}\boldsymbol{x}} = \sqrt{\boldsymbol{x}^{\mathrm{T}}\boldsymbol{x}} = \| \boldsymbol{x} \|,$$

即正交变换不改变向量的长度,这是正交变换的优良特性.

5.2 方阵的特征值与特征向量

矩阵的特征值与特征向量是矩阵的重要属性,方阵的对角化及二次型的化简等问题,都要用到特征值理论.工程技术中的一些问题,如振动问题和稳定性问题,也可归结为求方阵的特征值和特征向量的问题.

5.2.1 特征值与特征向量的定义

定义 5.7 设 $\boldsymbol{A}$ 是 n 阶方阵,如果对于数 λ,存在 n 维非零列向量 $\boldsymbol{x}$,使得

$$\boldsymbol{Ax} = \lambda\boldsymbol{x}, \tag{5.1}$$

则称 λ 为 $\boldsymbol{A}$ 的**一个特征值**,$\boldsymbol{x}$ 称为 $\boldsymbol{A}$ 对应于特征值 λ 的**一个特征向量**.

注 特征值 λ 可以为零,但特征向量必为非零向量.

如果 $\boldsymbol{x}$ 是 $\boldsymbol{A}$ 的对应于特征值 λ 的特征向量,那么对任何一个非零实数 k,$k\boldsymbol{x}$ 也是 $\boldsymbol{A}$ 对应特征值 λ 的特征向量.由于

$$\boldsymbol{A}(k\boldsymbol{x}) = k(\boldsymbol{Ax}) = k\lambda\boldsymbol{x} = \lambda(k\boldsymbol{x}),$$

即一个特征值可以对应多个特征向量,但一个特征向量却只能对应于一个特征值.

由(5.1)式可得

$$Ax-\lambda x=(A-\lambda E)x=0.$$

因此,特征值 λ 是使齐次线性方程组

$$(A-\lambda E)x=0 \tag{5.2}$$

有非零解的那些数.由齐次线性方程组理论知,(5.2)式有非零解的充要条件是它的系数行列式满足 $|A-\lambda E|=0$,即

$$\begin{vmatrix} a_{11}-\lambda & a_{12} & \cdots & a_{1n} \\ a_{21} & a_{22}-\lambda & \cdots & a_{2n} \\ \vdots & \vdots & & \vdots \\ a_{n1} & a_{n2} & \cdots & a_{nn}-\lambda \end{vmatrix}=0. \tag{5.3}$$

(5.3)式是以 λ 为未知数的一元 n 次方程,称为矩阵 A 的**特征方程**,其左端是 λ 的 n 次多项式,称为矩阵 A 的**特征多项式**,记为 $f(\lambda)$.

显然,A 的特征值就是 A 的特征方程的解,在复数范围内,n 阶方阵 A 有 n 个特征值(重根按重数计算).

5.2.2 特征值与特征向量的求法

求 n 阶方阵 A 的特征值与特征向量的步骤如下:

(1) 计算特征多项式 $f(\lambda)=|A-\lambda E|$;

(2) 在所给范围内求出 $f(\lambda)=0$ 的全部根,这些根即为 A 的特征值;

(3) 对每个特征值 λ_i,求出 $(A-\lambda_i E)x=0$ 的一个非零解,这个解即为对应于 λ_i 的一个特征向量;

(4) 若要求出对应于 λ_i 的所有特征向量,只需求出 $(A-\lambda_i E)x=0$ 的一个基础解系 $\xi_1,\cdots,\xi_{n-r}$,则对应于 λ_i 的所有特征向量为 $k_1\xi_1+\cdots+k_{n-r}\xi_{n-r}$ $(k_1,k_2,\cdots,k_{n-r}$ 不全为零).

例 5.6 求矩阵 $A=\begin{pmatrix} 2 & -1 \\ -1 & 2 \end{pmatrix}$ 的特征值与特征向量.

解 A 的特征多项式为

$$\begin{vmatrix} 2-\lambda & -1 \\ -1 & 2-\lambda \end{vmatrix}=(\lambda-1)(\lambda-3),$$

特征值为 $\lambda_1=1,\lambda_2=3$.

当 $\lambda_1=1$ 时,解齐次线性方程组 $(A-E)x=0$.由

$$(A-E)=\begin{pmatrix} 1 & -1 \\ -1 & 1 \end{pmatrix}\sim\begin{pmatrix} 1 & -1 \\ 0 & 0 \end{pmatrix},$$

得基础解系

$$\xi_1=\begin{pmatrix} 1 \\ 1 \end{pmatrix},$$

所以,对应于 $\lambda_1=1$ 的全部特征向量为 $k_1\boldsymbol{\xi}_1(k_1\neq 0)$.

当 $\lambda_2=3$ 时,解齐次线性方程组 $(\boldsymbol{A}-3\boldsymbol{E})\boldsymbol{x}=\boldsymbol{0}$. 由

$$(\boldsymbol{A}-3\boldsymbol{E})=\begin{pmatrix}-1&-1\\-1&-1\end{pmatrix}\sim\begin{pmatrix}1&1\\0&0\end{pmatrix},$$

得基础解系为

$$\boldsymbol{\xi}_2=\begin{pmatrix}-1\\1\end{pmatrix},$$

所以,对应于 $\lambda_2=3$ 的全部特征向量为 $k_2\boldsymbol{\xi}_2(k_2\neq 0)$.

例 5.7　求矩阵 $\boldsymbol{A}=\begin{pmatrix}2&-1&2\\5&-3&3\\-1&0&-2\end{pmatrix}$ 的特征值与特征向量.

解　$\boldsymbol{A}$ 的特征多项式为

$$\begin{vmatrix}2-\lambda&-1&2\\5&-3-\lambda&3\\-1&0&-2-\lambda\end{vmatrix}=-(\lambda+1)^3,$$

特征值为 $\lambda_1=\lambda_2=\lambda_3=-1$.

当 $\lambda_1=\lambda_2=\lambda_3=-1$ 时,解齐次线性方程组 $(\boldsymbol{A}+\boldsymbol{E})\boldsymbol{x}=\boldsymbol{0}$. 由

$$(\boldsymbol{A}+\boldsymbol{E})=\begin{pmatrix}3&-1&2\\5&-2&3\\-1&0&-1\end{pmatrix}\sim\begin{pmatrix}1&0&1\\0&1&1\\0&0&0\end{pmatrix},$$

得基础解系为

$$\boldsymbol{\xi}_1=\begin{pmatrix}1\\1\\-1\end{pmatrix},$$

所以,对应于 $\lambda_1=\lambda_2=\lambda_3=-1$ 的全部特征向量为 $k_1\boldsymbol{\xi}_1(k_1\neq 0)$.

例 5.8　求矩阵

$$\boldsymbol{A}=\begin{pmatrix}1&-3&3\\3&-5&3\\6&-6&4\end{pmatrix}$$

的特征值与特征向量.

解　$\boldsymbol{A}$ 的特征多项式为

$$\begin{vmatrix}1-\lambda&-3&3\\3&-5-\lambda&3\\6&-6&4-\lambda\end{vmatrix}=(2+\lambda)^2(4-\lambda),$$

特征值为 $\lambda_1=\lambda_2=-2,\lambda_3=4$.

当$\lambda_1=\lambda_2=-2$时,解齐次线性方程组$(\boldsymbol{A}+2\boldsymbol{E})\boldsymbol{x}=\boldsymbol{0}$.由

$$(\boldsymbol{A}+2\boldsymbol{E})=\begin{pmatrix}3&-3&3\\3&-3&3\\6&-6&6\end{pmatrix}\sim\begin{pmatrix}1&-1&1\\0&0&0\\0&0&0\end{pmatrix},$$

得基础解系

$$\boldsymbol{\xi}_1=\begin{pmatrix}1\\1\\0\end{pmatrix},\quad \boldsymbol{\xi}_2=\begin{pmatrix}-1\\0\\1\end{pmatrix},$$

所以,对应于$\lambda_1=\lambda_2=-2$的全部特征向量为$k_1\boldsymbol{\xi}_1+k_2\boldsymbol{\xi}_2$($k_1,k_2$不全为零).

当$\lambda_3=4$时,解齐次线性方程组$(\boldsymbol{A}-4\boldsymbol{E})\boldsymbol{x}=\boldsymbol{0}$.由

$$(\boldsymbol{A}-4\boldsymbol{E})=\begin{pmatrix}-3&-3&3\\3&-9&3\\6&-6&0\end{pmatrix}\sim\begin{pmatrix}1&0&-\frac{1}{2}\\0&1&-\frac{1}{2}\\0&0&0\end{pmatrix},$$

得基础解系

$$\boldsymbol{\xi}_2=\begin{pmatrix}1\\1\\2\end{pmatrix}.$$

所以,对应于$\lambda_3=4$的全部特征向量为$k_3\boldsymbol{\xi}_3(k_3\neq0)$.

5.2.3 特征值与特征向量的性质

定理 5.3 设n阶方阵$\boldsymbol{A}=(a_{ij})$的n个特征值为$\lambda_1,\lambda_2,\cdots,\lambda_n$,则

(1) $\sum\limits_{i=1}^{n}\lambda_i=\sum\limits_{i=1}^{n}a_{ii}$;

(2) $\prod\limits_{i=1}^{n}\lambda_i=|\boldsymbol{A}|$.

这里的$\sum\limits_{i=1}^{n}a_{ii}$是$\boldsymbol{A}$的主对角元素之和,称为**矩阵$\boldsymbol{A}$的迹**,记为$\mathrm{tr}(\boldsymbol{A})$.

推论 5.1 n阶方阵$\boldsymbol{A}$可逆的充要条件是它的所有特征值都不为零.

定理 5.4 设$\lambda_1,\lambda_2,\cdots,\lambda_m$是$\boldsymbol{A}$的$m$个互不相等的特征值,$\boldsymbol{p}_1,\boldsymbol{p}_2,\cdots,\boldsymbol{p}_m$是与之依次对应的特征向量,则$\boldsymbol{p}_1,\boldsymbol{p}_2,\cdots,\boldsymbol{p}_m$线性无关.

证 设有$k_1,k_2,\cdots,k_m\in\mathbb{R}$,使

$$k_1\boldsymbol{p}_1+k_2\boldsymbol{p}_2+\cdots+k_m\boldsymbol{p}_m=\boldsymbol{0},$$

上式两端左乘$\boldsymbol{A}$,得$\boldsymbol{A}(k_1\boldsymbol{p}_1+k_2\boldsymbol{p}_2+\cdots+k_m\boldsymbol{p}_m)=\boldsymbol{0}$,即

$$\lambda_1k_1\boldsymbol{p}_1+\lambda_2k_2\boldsymbol{p}_2+\cdots+\lambda_mk_m\boldsymbol{p}_m=\boldsymbol{0},$$

依次类推，有

$$\lambda_1^l k_1 \boldsymbol{p}_1 + \lambda_2^l k_2 \boldsymbol{p}_2 + \cdots + \lambda_m^l k_m \boldsymbol{p}_m = \boldsymbol{0}, \quad l = 1,2,\cdots,m-1,$$

把上列各式写成矩阵形式，得

$$(k_1\boldsymbol{p}_1, k_2\boldsymbol{p}_2, \cdots, k_m\boldsymbol{p}_m)\begin{pmatrix} 1 & \lambda_1 & \cdots & \lambda_1^{m-1} \\ 1 & \lambda_2 & \cdots & \lambda_2^{m-1} \\ \vdots & \vdots & & \vdots \\ 1 & \lambda_m & \cdots & \lambda_m^{m-1} \end{pmatrix} = \boldsymbol{0}.$$

又

$$\begin{vmatrix} 1 & \lambda_1 & \cdots & \lambda_1^{m-1} \\ 1 & \lambda_2 & \cdots & \lambda_2^{m-1} \\ \vdots & \vdots & & \vdots \\ 1 & \lambda_m & \cdots & \lambda_m^{m-1} \end{vmatrix} = \prod_{1 \leqslant i < j \leqslant m} (\lambda_j - \lambda_i) \neq 0,$$

于是

$$(k_1\boldsymbol{p}_1, k_2\boldsymbol{p}_2, \cdots, k_m\boldsymbol{p}_m) = (\boldsymbol{0}, \boldsymbol{0}, \cdots, \boldsymbol{0}),$$

即 $k_i\boldsymbol{p}_i = \boldsymbol{0}$，但 $\boldsymbol{p}_i \neq \boldsymbol{0}$，故 $k_i = 0 (i=1,2,\cdots,m)$，所以 $\boldsymbol{p}_1, \boldsymbol{p}_2, \cdots, \boldsymbol{p}_m$ 线性无关.

定理 5.5　设 λ 是可逆方阵 $\boldsymbol{A}$ 的一个特征值，$\boldsymbol{x}$ 为对应于 λ 的特征向量，则 $\lambda \neq 0$，且 $\frac{1}{\lambda}$ 是 $\boldsymbol{A}^{-1}$ 的一个特征值，$\boldsymbol{x}$ 为对应于 $\frac{1}{\lambda}$ 的特征向量.

证　假设 $\lambda = 0$，则由 $\boldsymbol{Ax} = \lambda\boldsymbol{x}$ 可得 $\boldsymbol{Ax} = \boldsymbol{0}$，由于 $\boldsymbol{A}$ 可逆，故 $\boldsymbol{x} = \boldsymbol{0}$，这与特征向量非零相矛盾，故 $\lambda \neq 0$.

在 $\boldsymbol{Ax} = \lambda\boldsymbol{x}$ 两端同时左乘 $\boldsymbol{A}^{-1}$，得 $\boldsymbol{x} = \boldsymbol{A}^{-1}(\lambda\boldsymbol{x}) = \lambda\boldsymbol{A}^{-1}\boldsymbol{x}$，即 $\boldsymbol{A}^{-1}\boldsymbol{x} = \frac{1}{\lambda}\boldsymbol{x}$. 所以 $\frac{1}{\lambda}$ 是 $\boldsymbol{A}^{-1}$ 的一个特征值，$\boldsymbol{x}$ 是对应于 $\frac{1}{\lambda}$ 的特征向量.

定理 5.6　设 λ 是方阵 $\boldsymbol{A}$ 的一个特征值，$\boldsymbol{x}$ 为对应于 λ 的特征向量，m 为正整数，则 λ^m 是 $\boldsymbol{A}^m$ 的一个特征值，$\boldsymbol{x}$ 为对应于 λ^m 的特征向量.

证　由于 $\boldsymbol{x}$ 是 $\boldsymbol{A}$ 的对应于 λ 的特征向量，故

$$\boldsymbol{Ax} = \lambda\boldsymbol{x},$$

上式两端左乘 $\boldsymbol{A}$，得

$$\boldsymbol{A}^2\boldsymbol{x} = \boldsymbol{A}(\lambda\boldsymbol{x}) = \lambda(\boldsymbol{Ax}) = \lambda^2\boldsymbol{x}.$$

依次类推，得 $\boldsymbol{A}^m\boldsymbol{x} = \lambda^m\boldsymbol{x}$，故 λ^m 是 $\boldsymbol{A}^m$ 的一个特征值，$\boldsymbol{x}$ 为对应的特征向量.

同理，若 λ 是方阵 $\boldsymbol{A}$ 的特征值，则 $\varphi(\lambda)$ 是 $\varphi(\boldsymbol{A})$ 的特征值(其中 $\varphi(\lambda) = a_m\lambda^m + \cdots + a_1\lambda + a_0$ 是 λ 的多项式，$\varphi(\boldsymbol{A}) = a_m\boldsymbol{A}^m + \cdots + a_1\boldsymbol{A} + a_0\boldsymbol{E}$ 是矩阵 $\boldsymbol{A}$ 的多项式).

例 5.9　设矩阵 $\boldsymbol{A}$ 满足 $\boldsymbol{A}^2 - 3\boldsymbol{A} + 2\boldsymbol{E} = \boldsymbol{O}$，证明其特征值为 1 或 2.

证 设 λ 为 $\boldsymbol{A}$ 的特征值,$\boldsymbol{x}$ 为对应的特征向量,则

$$(\boldsymbol{A}^2-3\boldsymbol{A}+2\boldsymbol{E})\boldsymbol{x}=\boldsymbol{A}^2\boldsymbol{x}-3\boldsymbol{A}\boldsymbol{x}+2\boldsymbol{x}=(\lambda^2-3\lambda+2)\boldsymbol{x}=\boldsymbol{0},$$

因为 $\boldsymbol{x}\neq\boldsymbol{0}$,所以 $\lambda^2-3\lambda+2=0$,故 $\lambda=1$ 或 2.

例 5.10 设三阶矩阵 $\boldsymbol{A}$ 的特征值为 $1,-1,2$,求 $|\boldsymbol{A}^2-2\boldsymbol{E}|$.

解 令 $\varphi(\boldsymbol{A})=\boldsymbol{A}^2-2\boldsymbol{E}$,则 $\varphi(\lambda)=\lambda^2-2$ 是 $\varphi(\boldsymbol{A})$ 的特征值,且

$$\varphi(1)=-1,\quad \varphi(-1)=-1,\quad \varphi(2)=2,$$

于是有

$$|\boldsymbol{A}^2-2\boldsymbol{E}|=(-1)\times(-1)\times 2=2.$$

例 5.11 设 λ_1 和 λ_2 矩阵 $\boldsymbol{A}$ 的两个不同的特征值,对应的特征向量依次为 $\boldsymbol{p}_1$ 和 $\boldsymbol{p}_2$,证明 $\boldsymbol{p}_1+\boldsymbol{p}_2$ 不是 $\boldsymbol{A}$ 的特征向量.

证 假设 $\boldsymbol{p}_1+\boldsymbol{p}_2$ 是 $\boldsymbol{A}$ 的特征向量,则存在数 λ,使

$$\boldsymbol{A}(\boldsymbol{p}_1+\boldsymbol{p}_2)=\lambda(\boldsymbol{p}_1+\boldsymbol{p}_2)=\lambda\boldsymbol{p}_1+\lambda\boldsymbol{p}_2,$$

而

$$\boldsymbol{A}(\boldsymbol{p}_1+\boldsymbol{p}_2)=\boldsymbol{A}\boldsymbol{p}_1+\boldsymbol{A}\boldsymbol{p}_2=\lambda_1\boldsymbol{p}_1+\lambda_2\boldsymbol{p}_2,$$

两式相减得

$$(\lambda-\lambda_1)\boldsymbol{p}_1+(\lambda-\lambda_2)\boldsymbol{p}_2=\boldsymbol{0},$$

因 $\boldsymbol{p}_1,\boldsymbol{p}_2$ 线性无关,所以 $(\lambda-\lambda_1)=(\lambda-\lambda_2)=0$,即 $\lambda_1=\lambda_2$,与假设矛盾. 因此,$\boldsymbol{p}_1+\boldsymbol{p}_2$ 不是 $\boldsymbol{A}$ 的特征向量.

5.3 相似矩阵

对角矩阵是最简单的一类矩阵,对于任一 n 阶方阵 $\boldsymbol{A}$,是否可将它化为对角矩阵,并保持 $\boldsymbol{A}$ 的许多原有性质,这一问题在理论和应用方面都具有重要意义.

5.3.1 相似矩阵及其性质

定义 5.8 对于 n 阶方阵 $\boldsymbol{A},\boldsymbol{B}$,若存在可逆矩阵 $\boldsymbol{P}$,使

$$\boldsymbol{P}^{-1}\boldsymbol{A}\boldsymbol{P}=\boldsymbol{B},$$

则称矩阵 $\boldsymbol{A}$ 与 $\boldsymbol{B}$ 相似,或称 $\boldsymbol{B}$ 是 $\boldsymbol{A}$ 的相似矩阵. 运算 $\boldsymbol{P}^{-1}\boldsymbol{A}\boldsymbol{P}$ 称为对 $\boldsymbol{A}$ 进行相似变换,可逆矩阵 $\boldsymbol{P}$ 称为把 $\boldsymbol{A}$ 变成 $\boldsymbol{B}$ 的相似变换矩阵.

相似矩阵具有以下性质($\boldsymbol{A},\boldsymbol{B},\boldsymbol{C}$ 为 n 阶方阵):

(1) **反身性** $\boldsymbol{A}$ 与 $\boldsymbol{A}$ 相似;

(2) **对称性** 若 $\boldsymbol{A}$ 与 $\boldsymbol{B}$ 相似,则 $\boldsymbol{B}$ 与 $\boldsymbol{A}$ 也相似;

(3) **传递性** 若 $\boldsymbol{A}$ 与 $\boldsymbol{B}$ 相似,$\boldsymbol{B}$ 与 $\boldsymbol{C}$ 相似,则 $\boldsymbol{A}$ 与 $\boldsymbol{C}$ 相似.

证 由 $\boldsymbol{A}$ 与 $\boldsymbol{B}$ 相似,$\boldsymbol{B}$ 与 $\boldsymbol{C}$ 相似可知,存在可逆矩阵 $\boldsymbol{P},\boldsymbol{Q}$ 使 $\boldsymbol{P}^{-1}\boldsymbol{A}\boldsymbol{P}=\boldsymbol{B},\boldsymbol{Q}^{-1}\boldsymbol{B}\boldsymbol{Q}=\boldsymbol{C}$. 于是 $\boldsymbol{Q}^{-1}(\boldsymbol{P}^{-1}\boldsymbol{A}\boldsymbol{P})\boldsymbol{Q}=\boldsymbol{C}$,即 $(\boldsymbol{P}\boldsymbol{Q})^{-1}\boldsymbol{A}(\boldsymbol{P}\boldsymbol{Q})=\boldsymbol{C}$,从而 $\boldsymbol{A}$ 与 $\boldsymbol{C}$ 相似.

定理 5.7　若 $\boldsymbol{A}$ 与 $\boldsymbol{B}$ 相似，则

(1) $\boldsymbol{A}$ 与 $\boldsymbol{B}$ 有相同的特征多项式和特征值；

(2) $|\boldsymbol{A}|=|\boldsymbol{B}|$；

(3) $\mathrm{R}(\boldsymbol{A})=\mathrm{R}(\boldsymbol{B})$；

(4) $\boldsymbol{A}^m$ 与 $\boldsymbol{B}^m$ 相似，其中 m 为正整数.

证　(1) 由定义 5.8 可知，存在可逆矩阵 $\boldsymbol{P}$，使得 $\boldsymbol{P}^{-1}\boldsymbol{A}\boldsymbol{P}=\boldsymbol{B}$，于是

$$\begin{aligned}|\boldsymbol{B}-\lambda\boldsymbol{E}| &= |\boldsymbol{P}^{-1}\boldsymbol{A}\boldsymbol{P}-\lambda\boldsymbol{E}| = |\boldsymbol{P}^{-1}(\boldsymbol{A}-\lambda\boldsymbol{E})\boldsymbol{P}| \\ &= |\boldsymbol{P}^{-1}||\boldsymbol{A}-\lambda\boldsymbol{E}||\boldsymbol{P}| = |\boldsymbol{A}-\lambda\boldsymbol{E}|.\end{aligned}$$

所以 $\boldsymbol{A}$ 与 $\boldsymbol{B}$ 有相同的特征多项式，从而有相同的特征值.

(2) $|\boldsymbol{B}|=|\boldsymbol{P}^{-1}\boldsymbol{A}\boldsymbol{P}|=|\boldsymbol{P}^{-1}||\boldsymbol{A}||\boldsymbol{P}|=|\boldsymbol{A}|$.

(3) 由定义 5.8 可知，$\boldsymbol{A}$ 与 $\boldsymbol{B}$ 一定等价，从而 $\mathrm{R}(\boldsymbol{A})=\mathrm{R}(\boldsymbol{B})$.

(4) $\boldsymbol{B}^m=(\boldsymbol{P}^{-1}\boldsymbol{A}\boldsymbol{P})^m=(\boldsymbol{P}^{-1}\boldsymbol{A}\boldsymbol{P})(\boldsymbol{P}^{-1}\boldsymbol{A}\boldsymbol{P})\cdots(\boldsymbol{P}^{-1}\boldsymbol{A}\boldsymbol{P})=\boldsymbol{P}^{-1}\boldsymbol{A}^m\boldsymbol{P}$，所以 $\boldsymbol{A}^m$ 与 $\boldsymbol{B}^m$ 相似.

推论 5.2　若 n 阶方阵 $\boldsymbol{A}$ 与对角矩阵 $\boldsymbol{\Lambda}=\begin{pmatrix}\lambda_1 & & & \\ & \lambda_2 & & \\ & & \ddots & \\ & & & \lambda_n\end{pmatrix}$ 相似，则 $\lambda_1,\lambda_2,\cdots,\lambda_n$ 为 $\boldsymbol{A}$ 的 n 个特征值.

5.3.2　矩阵可对角化的条件

如果 n 阶方阵 $\boldsymbol{A}$ 可以相似于一个 n 阶对角矩阵 $\boldsymbol{\Lambda}$，则称 $\boldsymbol{A}$ **可对角化**. 我们现在来研究把方阵 $\boldsymbol{A}$ 对角化的方法，即求相似变换矩阵 $\boldsymbol{P}$，使 $\boldsymbol{P}^{-1}\boldsymbol{A}\boldsymbol{P}$ 为对角矩阵.

定理 5.8　n 阶方阵 $\boldsymbol{A}$ 可对角化的充要条件是 $\boldsymbol{A}$ 有 n 个线性无关的特征向量.

证　(必要性)设 $\boldsymbol{A}$ 与对角矩阵 $\boldsymbol{\Lambda}=\begin{pmatrix}\lambda_1 & & & \\ & \lambda_2 & & \\ & & \ddots & \\ & & & \lambda_n\end{pmatrix}$ 相似，则存在可逆矩阵 $\boldsymbol{P}$，使得 $\boldsymbol{P}^{-1}\boldsymbol{A}\boldsymbol{P}=\boldsymbol{\Lambda}$，即 $\boldsymbol{A}\boldsymbol{P}=\boldsymbol{P}\boldsymbol{\Lambda}$.

把矩阵 $\boldsymbol{P}$ 按列分块，记为 $\boldsymbol{P}=(\boldsymbol{p}_1,\boldsymbol{p}_2,\cdots,\boldsymbol{p}_n)$，则有

$$\begin{aligned}(\boldsymbol{A}\boldsymbol{p}_1,\boldsymbol{A}\boldsymbol{p}_2,\cdots,\boldsymbol{A}\boldsymbol{p}_n) &= (\boldsymbol{p}_1,\boldsymbol{p}_2,\cdots,\boldsymbol{p}_n)\begin{pmatrix}\lambda_1 & & & \\ & \lambda_2 & & \\ & & \ddots & \\ & & & \lambda_n\end{pmatrix} \\ &= (\lambda_1\boldsymbol{p}_1,\lambda_2\boldsymbol{p}_2,\cdots,\lambda_n\boldsymbol{p}_n),\end{aligned}$$

由此可得 $\boldsymbol{A}\boldsymbol{p}_i=\lambda_i\boldsymbol{p}_i(i=1,2,\cdots,n)$. 因 $\boldsymbol{P}$ 可逆,故 $\boldsymbol{p}_i\neq\boldsymbol{0}(i=1,2,\cdots,n)$,且 $\boldsymbol{p}_1,\boldsymbol{p}_2,\cdots,\boldsymbol{p}_n$ 线性无关,因此 $\boldsymbol{p}_i$ 是 $\boldsymbol{A}$ 的对应于特征值 λ_i 的特征向量,$\boldsymbol{A}$ 有 n 个线性无关的特征向量.

(充分性)设 $\boldsymbol{p}_1,\boldsymbol{p}_2,\cdots,\boldsymbol{p}_n$ 是 $\boldsymbol{A}$ 的 n 个线性无关的特征向量,$\lambda_1,\lambda_2,\cdots,\lambda_n$ 是依次与之对应的特征值. 记 $\boldsymbol{P}=(\boldsymbol{p}_1,\boldsymbol{p}_2,\cdots,\boldsymbol{p}_n)$,则 $\boldsymbol{P}$ 可逆,且

$$\begin{aligned}\boldsymbol{AP}&=\boldsymbol{A}(\boldsymbol{p}_1,\boldsymbol{p}_2,\cdots,\boldsymbol{p}_n)\\&=(\boldsymbol{A}\boldsymbol{p}_1,\boldsymbol{A}\boldsymbol{p}_2,\cdots,\boldsymbol{A}\boldsymbol{p}_n)\\&=(\lambda_1\boldsymbol{p}_1,\lambda_2\boldsymbol{p}_2,\cdots,\lambda_n\boldsymbol{p}_n)\\&=(\boldsymbol{p}_1,\boldsymbol{p}_2,\cdots,\boldsymbol{p}_n)\begin{pmatrix}\lambda_1&&&\\&\lambda_2&&\\&&\ddots&\\&&&\lambda_n\end{pmatrix}=\boldsymbol{P\Lambda},\end{aligned}$$

于是有 $\boldsymbol{P}^{-1}\boldsymbol{AP}=\boldsymbol{\Lambda}$,即 $\boldsymbol{A}$ 与对角矩阵 $\boldsymbol{\Lambda}$ 相似.

由上述证明过程可知,若 n 阶方阵 $\boldsymbol{A}$ 可对角化为对角矩阵 $\boldsymbol{\Lambda}=\begin{pmatrix}\lambda_1&&&\\&\lambda_2&&\\&&\ddots&\\&&&\lambda_n\end{pmatrix}$,则 $\lambda_1,\lambda_2,\cdots,\lambda_n$ 是 $\boldsymbol{A}$ 的特征值,而相似变换矩阵 $\boldsymbol{P}$ 的列向量即为 $\boldsymbol{A}$ 的对应于 λ_i 的特征向量.

推论 5.3 如果 n 阶方阵 $\boldsymbol{A}$ 有 n 个互不相等的特征值,则 $\boldsymbol{A}$ 可对角化.

现在的问题是:对于任一矩阵 $\boldsymbol{A}$,是否一定可以对角化?答案是否定的. 如例 5.7 中的矩阵 $\boldsymbol{A}$ 的特征值为 $\lambda_1=\lambda_2=\lambda_3=-1$,只能找到一个线性无关的特征向量,故 $\boldsymbol{A}$ 不能对角化.

定理 5.9 n 阶方阵 $\boldsymbol{A}$ 可对角化的充要条件是对应于 $\boldsymbol{A}$ 的每个特征值的线性无关的特征向量的个数恰好等于该特征值的重数.

例 5.12 设 $\boldsymbol{A}=\begin{pmatrix}1&0&-1\\0&2&0\\0&0&2\end{pmatrix}$,求一个相似变换矩阵 $\boldsymbol{P}$,使得 $\boldsymbol{P}^{-1}\boldsymbol{AP}$ 为对角矩阵.

解 $\boldsymbol{A}$ 的特征多项式为

$$\begin{vmatrix}1-\lambda&0&-1\\0&2-\lambda&0\\0&0&2-\lambda\end{vmatrix}=(2-\lambda)^2(1-\lambda),$$

特征值为 $\lambda_1=1,\lambda_2=\lambda_3=2$.

当 $\lambda_1=1$ 时,解齐次线性方程组 $(\boldsymbol{A}-\boldsymbol{E})\boldsymbol{x}=\boldsymbol{0}$. 由

$$(\boldsymbol{A}-\boldsymbol{E})=\begin{pmatrix}0&0&-1\\0&1&0\\0&0&1\end{pmatrix}\sim\begin{pmatrix}0&1&0\\0&0&1\\0&0&0\end{pmatrix},$$

得基础解系

$$\boldsymbol{\xi}_1=\begin{pmatrix}1\\0\\0\end{pmatrix},$$

当 $\lambda_2=\lambda_3=2$ 时,解齐次线性方程组 $(\boldsymbol{A}-2\boldsymbol{E})\boldsymbol{x}=\boldsymbol{0}$. 由

$$(\boldsymbol{A}-2\boldsymbol{E})=\begin{pmatrix}-1&0&-1\\0&0&0\\0&0&0\end{pmatrix}\sim\begin{pmatrix}1&0&1\\0&0&0\\0&0&0\end{pmatrix},$$

得基础解系

$$\boldsymbol{\xi}_2=\begin{pmatrix}0\\1\\0\end{pmatrix},\quad \boldsymbol{\xi}_3=\begin{pmatrix}-1\\0\\1\end{pmatrix}.$$

令

$$\boldsymbol{P}=(\boldsymbol{\xi}_1,\boldsymbol{\xi}_2,\boldsymbol{\xi}_3)=\begin{pmatrix}1&0&-1\\0&1&0\\0&0&1\end{pmatrix},$$

则 $\boldsymbol{P}$ 使得

$$\boldsymbol{P}^{-1}\boldsymbol{A}\boldsymbol{P}=\begin{pmatrix}1&0&0\\0&2&0\\0&0&2\end{pmatrix}.$$

例 5.13 设二阶方阵 $\boldsymbol{A}$ 的特征值为 $1,-5$,相对应的特征向量分别为 $\begin{pmatrix}1\\1\end{pmatrix}$, $\begin{pmatrix}2\\-1\end{pmatrix}$,求 $\boldsymbol{A}$.

解 由已知条件可知相似变换矩阵 $\boldsymbol{P}=\begin{pmatrix}1&2\\1&-1\end{pmatrix}$,对角矩阵 $\boldsymbol{\Lambda}=\begin{pmatrix}1&0\\0&-5\end{pmatrix}$,且 $\boldsymbol{P}^{-1}\boldsymbol{A}\boldsymbol{P}=\boldsymbol{\Lambda}$,则

$$\boldsymbol{A}=\boldsymbol{P}\boldsymbol{\Lambda}\boldsymbol{P}^{-1}=\begin{pmatrix}1&2\\1&-1\end{pmatrix}\begin{pmatrix}1&0\\0&-5\end{pmatrix}\begin{pmatrix}1&2\\1&-1\end{pmatrix}^{-1}=\begin{pmatrix}-3&4\\2&-1\end{pmatrix}.$$

例 5.14 已知矩阵 $\boldsymbol{A}=\begin{pmatrix}-2&0&0\\2&x&2\\3&1&1\end{pmatrix}$ 与矩阵 $\boldsymbol{B}=\begin{pmatrix}-1&0&0\\0&2&0\\0&0&y\end{pmatrix}$ 相似,求:

(1) x 与 y;

(2) 可逆矩阵 $\boldsymbol{P}$,使得 $\boldsymbol{P}^{-1}\boldsymbol{AP}=\boldsymbol{B}$;

(3) $\boldsymbol{A}^{100}$.

解 (1) 由条件可得 $\boldsymbol{B}$ 的特征值为 $\lambda_1=-1,\lambda_2=2,\lambda_3=y$,又 $\boldsymbol{A}$ 与 $\boldsymbol{B}$ 相似,所以 $\boldsymbol{A}$ 的特征值为 $-1,2,y$. 于是

$$|\boldsymbol{A}+\boldsymbol{E}|=\begin{vmatrix}-1 & 0 & 0\\ 2 & x+1 & 2\\ 3 & 1 & 2\end{vmatrix}=-2x=0,$$

解得 $x=0$.

又根据特征值的性质有

$$\lambda_1+\lambda_2+\lambda_3=-1+2+y=-2+x+1,$$

解得 $y=-2$.

(2) $\boldsymbol{A}$ 的特征值为 $-1,2,-2$,解齐次线性方程组 $(\boldsymbol{A}-\lambda_i\boldsymbol{E})\boldsymbol{x}=\boldsymbol{0}\ (i=1,2,3)$,可分别得 $\boldsymbol{A}$ 的对应特征向量

$$\boldsymbol{p}_1=\begin{pmatrix}0\\-2\\1\end{pmatrix},\quad \boldsymbol{p}_2=\begin{pmatrix}0\\1\\1\end{pmatrix},\quad \boldsymbol{p}_3=\begin{pmatrix}-1\\0\\1\end{pmatrix}.$$

令

$$\boldsymbol{P}=(\boldsymbol{p}_1,\boldsymbol{p}_2,\boldsymbol{p}_3)=\begin{pmatrix}0 & 0 & -1\\ -2 & 1 & 0\\ 1 & 1 & 1\end{pmatrix},$$

则 $\boldsymbol{P}$ 使得 $\boldsymbol{P}^{-1}\boldsymbol{AP}=\boldsymbol{B}$.

(3) 由于 $\boldsymbol{P}^{-1}\boldsymbol{AP}=\boldsymbol{B}$,则 $\boldsymbol{A}=\boldsymbol{PBP}^{-1}$,于是

$$\begin{aligned}\boldsymbol{A}^{100}&=\boldsymbol{PB}^{100}\boldsymbol{P}^{-1}\\
&=\begin{pmatrix}0 & 0 & -1\\ -2 & 1 & 0\\ 1 & 1 & 1\end{pmatrix}\begin{pmatrix}-1 & 0 & 0\\ 0 & 2 & 0\\ 0 & 0 & -2\end{pmatrix}^{100}\begin{pmatrix}0 & 0 & -1\\ -2 & 1 & 0\\ 1 & 1 & 1\end{pmatrix}^{-1}\\
&=\frac{1}{3}\begin{pmatrix}0 & 0 & -1\\ -2 & 1 & 0\\ 1 & 1 & 1\end{pmatrix}\begin{pmatrix}1 & 0 & 0\\ 0 & 2^{100} & 0\\ 0 & 0 & 2^{100}\end{pmatrix}\begin{pmatrix}1 & -1 & 1\\ 2 & 1 & 2\\ -3 & 0 & 0\end{pmatrix}\\
&=\frac{1}{3}\begin{pmatrix}3\times 2^{100} & 0 & 0\\ 2^{101}-2 & 2^{100}+2 & 2^{101}-2\\ 1-2^{100} & 2^{100}-1 & 2^{101}+1\end{pmatrix}.\end{aligned}$$

一般地,若有可逆矩阵 $\boldsymbol{P}$,使得 $\boldsymbol{P}^{-1}\boldsymbol{AP}=\boldsymbol{\Lambda}$ 成立,则

$$\boldsymbol{A}^k=\boldsymbol{P\Lambda}^k\boldsymbol{P}^{-1},\quad \varphi(\boldsymbol{A})=\boldsymbol{P}\varphi(\boldsymbol{\Lambda})\boldsymbol{P}^{-1}.$$

而对于对角矩阵$\boldsymbol{\Lambda}$，有

$$\boldsymbol{\Lambda}^k=\begin{pmatrix}\lambda_1^k & & & \\ & \lambda_2^k & & \\ & & \ddots & \\ & & & \lambda_n^k\end{pmatrix},\quad \varphi(\boldsymbol{\Lambda})=\begin{pmatrix}\varphi(\lambda_1) & & & \\ & \varphi(\lambda_2) & & \\ & & \ddots & \\ & & & \varphi(\lambda_n)\end{pmatrix}.$$

5.4 实对称矩阵的对角化

在矩阵理论中有一类特殊矩阵，即实对称矩阵，它是一定可以对角化的，并且对于实对称矩阵$\boldsymbol{A}$，不仅能找到可逆矩阵$\boldsymbol{P}$，使得$\boldsymbol{P}^{-1}\boldsymbol{AP}$为对角矩阵，而且还能够找到一个正交矩阵$\boldsymbol{Q}$，使得$\boldsymbol{Q}^{-1}\boldsymbol{AQ}$为对角矩阵.

定理 5.10 实对称矩阵的特征值为实数.

证 设n阶实对称矩阵$\boldsymbol{A}$的特征值λ为复数(λ的共轭复数表示为$\bar{\lambda}$)，复向量$\boldsymbol{x}$为对应的特征向量($\boldsymbol{x}$的共轭复向量表示为$\bar{\boldsymbol{x}}$)，则

$$\boldsymbol{Ax}=\lambda\boldsymbol{x},\tag{5.4}$$

对(5.4)式两端取共轭复数，有

$$\boldsymbol{A}\bar{\boldsymbol{x}}=\bar{\lambda}\bar{\boldsymbol{x}},\tag{5.5}$$

将(5.4)式两端左乘$\bar{\boldsymbol{x}}^{\mathrm{T}}$，有

$$\bar{\boldsymbol{x}}^{\mathrm{T}}\boldsymbol{Ax}=\lambda\bar{\boldsymbol{x}}^{\mathrm{T}}\boldsymbol{x},$$

再将(5.5)式两端转置后右乘$\boldsymbol{x}$，有

$$\bar{\boldsymbol{x}}^{\mathrm{T}}\boldsymbol{Ax}=\bar{\lambda}\bar{\boldsymbol{x}}^{\mathrm{T}}\boldsymbol{x},$$

上面两式相减，得$(\lambda-\bar{\lambda})\bar{\boldsymbol{x}}^{\mathrm{T}}\boldsymbol{x}=0$. 因$\boldsymbol{x}\neq\boldsymbol{0}$，所以

$$\bar{\boldsymbol{x}}^{\mathrm{T}}\boldsymbol{x}=\sum_{i=1}^{n}\bar{x}_ix_i=\sum_{i=1}^{n}|x_i|^2\neq 0,$$

故$\lambda-\bar{\lambda}=0$，即$\lambda=\bar{\lambda}$，所以λ是实数.

定理 5.11 实对称矩阵$\boldsymbol{A}$的对应于不同特征值的特征向量相互正交.

证 设λ_1,λ_2是$\boldsymbol{A}$的不同的特征值，$\boldsymbol{p}_1,\boldsymbol{p}_2$是依次对应的特征向量. 于是

$$\lambda_1\boldsymbol{p}_1=\boldsymbol{Ap}_1,\lambda_2\boldsymbol{p}_2=\boldsymbol{Ap}_2.$$

因$\boldsymbol{A}$为对称矩阵，故$\lambda_1\boldsymbol{p}_1^{\mathrm{T}}=(\lambda_1\boldsymbol{p}_1)^{\mathrm{T}}=(\boldsymbol{Ap}_1)^{\mathrm{T}}=\boldsymbol{p}_1^{\mathrm{T}}\boldsymbol{A}^{\mathrm{T}}=\boldsymbol{p}_1^{\mathrm{T}}\boldsymbol{A}$，从而

$$\lambda_1\boldsymbol{p}_1^{\mathrm{T}}\boldsymbol{p}_2=\boldsymbol{p}_1^{\mathrm{T}}\boldsymbol{Ap}_2=\boldsymbol{p}_1^{\mathrm{T}}(\lambda_2\boldsymbol{p}_2)=\lambda_2\boldsymbol{p}_1^{\mathrm{T}}\boldsymbol{p}_2,$$

即$(\lambda_1-\lambda_2)\boldsymbol{p}_1^{\mathrm{T}}\boldsymbol{p}_2=0$，但$\lambda_1\neq\lambda_2$，故$\boldsymbol{p}_1^{\mathrm{T}}\boldsymbol{p}_2=0$，即$\boldsymbol{p}_1$与$\boldsymbol{p}_2$正交.

定理 5.12 设λ是n阶实对称矩阵$\boldsymbol{A}$的k重特征值，则矩阵$\boldsymbol{A}-\lambda\boldsymbol{E}$的秩为$\mathrm{R}(\boldsymbol{A}-\lambda\boldsymbol{E})=n-k$，从而对应特征值$\lambda$恰有$k$个线性无关的特征向量.

定理 5.13 任意实对称矩阵$\boldsymbol{A}$都与对角矩阵相似.

证 设$\boldsymbol{A}$的互不相等的特征值为$\lambda_1,\lambda_2,\cdots,\lambda_s$，它们的重数依次为$k_1,k_2,\cdots,$

$k_s(k_1+k_2+\cdots+k_s=n)$. 由定理5.12知,对应于特征值$\lambda_i(i=1,2,\cdots,s)$,恰有$k_i$个线性无关的特征向量,又由定理5.11及$k_1+k_2+\cdots+k_s=n$知,$\boldsymbol{A}$有$n$个线性无关的特征向量,从而$\boldsymbol{A}$与对角矩阵相似.

定理 5.14 设$\boldsymbol{A}$为n阶实对称矩阵,则存在正交矩阵$\boldsymbol{Q}$,使$\boldsymbol{Q}^{-1}\boldsymbol{A}\boldsymbol{Q}=\boldsymbol{\Lambda}$,其中$\boldsymbol{\Lambda}$是以$\boldsymbol{A}$的$n$个特征值为对角元素的对角矩阵.

只需将定理5.13的证明中对应于特征值λ_i的k_i个线性无关的特征向量正交单位化,然后将所有得到的向量按列构成正交矩阵$\boldsymbol{Q}$,就有$\boldsymbol{Q}^{-1}\boldsymbol{A}\boldsymbol{Q}=\boldsymbol{\Lambda}$.

n阶实对称矩阵$\boldsymbol{A}$对角化的具体步骤如下:

(1) 求出特征方程$|\boldsymbol{A}-\lambda\boldsymbol{E}|=0$的所有不同的根$\lambda_1,\lambda_2,\cdots,\lambda_s$,其中$\lambda_i$为$\boldsymbol{A}$的$k_i(i=1,2,\cdots,s)$重特征值;

(2) 对每一特征值λ_i,解齐次线性方程组$(\boldsymbol{A}-\lambda_i\boldsymbol{E})\boldsymbol{x}=\boldsymbol{0}$,求出它的一个基础解系$\boldsymbol{\xi}_{i1},\boldsymbol{\xi}_{i2},\cdots,\boldsymbol{\xi}_{ik_i}(i=1,2,\cdots,s)$;

(3) 将$\boldsymbol{\xi}_{i1},\boldsymbol{\xi}_{i2},\cdots,\boldsymbol{\xi}_{ik_i}$正交单位化,得到正交单位向量组$\boldsymbol{e}_{i1},\boldsymbol{e}_{i2},\cdots,\boldsymbol{e}_{ik_i}(i=1,2,\cdots,s)$;

(4) 记$\boldsymbol{Q}=(\boldsymbol{e}_{11},\cdots,\boldsymbol{e}_{1k_1},\boldsymbol{e}_{21},\cdots,\boldsymbol{e}_{2k_2},\cdots,\boldsymbol{e}_{s1},\cdots,\boldsymbol{e}_{sk_s})$,则$\boldsymbol{Q}$为正交矩阵,使得

$$\boldsymbol{Q}^{-1}\boldsymbol{A}\boldsymbol{Q}=\boldsymbol{\Lambda}=\mathrm{diag}(\overbrace{\lambda_1,\cdots,\lambda_1}^{k_1},\overbrace{\lambda_2,\cdots,\lambda_2}^{k_2},\cdots,\overbrace{\lambda_s,\cdots,\lambda_s}^{k_s}),$$

其中矩阵$\boldsymbol{\Lambda}$的主对角线元素λ_i的重数为$k_i(i=1,2,\cdots,s)$,并且排列顺序与$\boldsymbol{Q}$中正交单位向量组的排列顺序相对应.

例 5.15 设$\boldsymbol{A}=\begin{pmatrix}1&0&0\\0&2&1\\0&1&2\end{pmatrix}$,求一个正交矩阵$\boldsymbol{Q}$,使得$\boldsymbol{Q}^{-1}\boldsymbol{A}\boldsymbol{Q}=\boldsymbol{\Lambda}$为对角矩阵.

解 $\boldsymbol{A}$的特征多项式为

$$\begin{vmatrix}1-\lambda&0&0\\0&2-\lambda&1\\0&1&2-\lambda\end{vmatrix}=(3-\lambda)(1-\lambda)^2,$$

特征值为$\lambda_1=3,\lambda_2=\lambda_3=1$.

当$\lambda_1=3$时,解齐次线性方程组$(\boldsymbol{A}-3\boldsymbol{E})\boldsymbol{x}=\boldsymbol{0}$,得基础解系$\boldsymbol{\xi}_1=\begin{pmatrix}0\\1\\1\end{pmatrix}$,将其单位化得

$$\boldsymbol{e}_1=\frac{1}{\sqrt{2}}\begin{pmatrix}0\\1\\1\end{pmatrix},$$

当$\lambda_2=\lambda_3=1$时,解齐次线性方程组$(\boldsymbol{A}-\boldsymbol{E})\boldsymbol{x}=\boldsymbol{0}$,得基础解系

$$\boldsymbol{\xi}_2=\begin{pmatrix}1\\0\\0\end{pmatrix},\quad \boldsymbol{\xi}_3=\begin{pmatrix}0\\1\\-1\end{pmatrix}.$$

由于这两个向量已正交,故只需将其单位化,得

$$\boldsymbol{e}_2=\begin{pmatrix}1\\0\\0\end{pmatrix},\quad \boldsymbol{e}_3=\frac{1}{\sqrt{2}}\begin{pmatrix}0\\1\\-1\end{pmatrix}.$$

于是求得正交矩阵

$$\boldsymbol{Q}=(\boldsymbol{e}_1,\boldsymbol{e}_2,\boldsymbol{e}_3)=\begin{pmatrix}0&1&0\\\frac{1}{\sqrt{2}}&0&\frac{1}{\sqrt{2}}\\\frac{1}{\sqrt{2}}&0&-\frac{1}{\sqrt{2}}\end{pmatrix},$$

使得

$$\boldsymbol{Q}^{-1}\boldsymbol{A}\boldsymbol{Q}=\boldsymbol{\Lambda}=\begin{pmatrix}3&0&0\\0&1&0\\0&0&1\end{pmatrix}.$$

例 5.16　设 $\boldsymbol{A}=\begin{pmatrix}0&-1&1\\-1&0&1\\1&1&0\end{pmatrix}$,求一个正交矩阵 $\boldsymbol{Q}$,使得 $\boldsymbol{Q}^{-1}\boldsymbol{A}\boldsymbol{Q}=\boldsymbol{\Lambda}$ 为对角矩阵.

解　$\boldsymbol{A}$ 的特征多项式为

$$\begin{vmatrix}-\lambda&-1&1\\-1&-\lambda&1\\1&1&-\lambda\end{vmatrix}=-(\lambda+2)(\lambda-1)^2,$$

特征值为 $\lambda_1=-2,\lambda_2=\lambda_3=1$.

当 $\lambda_1=-2$ 时,解齐次线性方程组 $(\boldsymbol{A}+2\boldsymbol{E})\boldsymbol{x}=\boldsymbol{0}$. 由

$$\boldsymbol{A}+2\boldsymbol{E}=\begin{pmatrix}2&-1&1\\-1&2&1\\1&1&2\end{pmatrix}\sim\begin{pmatrix}1&0&1\\0&1&1\\0&0&0\end{pmatrix},$$

得基础解系 $\boldsymbol{\xi}_1=\begin{pmatrix}-1\\-1\\1\end{pmatrix}$,单位化得 $\boldsymbol{e}_1=\frac{1}{\sqrt{3}}\begin{pmatrix}-1\\-1\\1\end{pmatrix}$.

当 $\lambda_2=\lambda_3=1$ 时,解齐次线性方程组 $(\boldsymbol{A}-\boldsymbol{E})\boldsymbol{x}=\boldsymbol{0}$,由

$$A-E=\begin{pmatrix}-1&-1&1\\-1&-1&1\\1&1&-1\end{pmatrix}\sim\begin{pmatrix}1&1&-1\\0&0&0\\0&0&0\end{pmatrix},$$

得基础解系 $\boldsymbol{\xi}_2=\begin{pmatrix}-1\\1\\0\end{pmatrix},\boldsymbol{\xi}_3=\begin{pmatrix}1\\0\\1\end{pmatrix}$.

将 $\boldsymbol{\xi}_2,\boldsymbol{\xi}_3$ 正交化,取

$$\boldsymbol{\beta}_2=\boldsymbol{\xi}_2=\begin{pmatrix}-1\\1\\0\end{pmatrix},$$

$$\boldsymbol{\beta}_3=\boldsymbol{\xi}_3-\frac{\boldsymbol{\beta}_2^{\mathrm{T}}\boldsymbol{\xi}_3}{\boldsymbol{\beta}_2^{\mathrm{T}}\boldsymbol{\beta}_2}\boldsymbol{\beta}_2=\begin{pmatrix}1\\0\\1\end{pmatrix}+\frac{1}{2}\begin{pmatrix}-1\\1\\0\end{pmatrix}=\frac{1}{2}\begin{pmatrix}1\\1\\2\end{pmatrix},$$

再单位化,得

$$\boldsymbol{e}_2=\frac{1}{\sqrt{2}}\begin{pmatrix}-1\\1\\0\end{pmatrix},\quad \boldsymbol{e}_3=\frac{1}{\sqrt{6}}\begin{pmatrix}1\\1\\2\end{pmatrix}.$$

于是所求正交矩阵为

$$\boldsymbol{Q}=(\boldsymbol{e}_1,\boldsymbol{e}_2,\boldsymbol{e}_3)=\begin{pmatrix}-\frac{1}{\sqrt{3}}&-\frac{1}{\sqrt{2}}&\frac{1}{\sqrt{6}}\\-\frac{1}{\sqrt{3}}&\frac{1}{\sqrt{2}}&\frac{1}{\sqrt{6}}\\\frac{1}{\sqrt{3}}&0&\frac{2}{\sqrt{6}}\end{pmatrix},$$

使得

$$\boldsymbol{Q}^{-1}\boldsymbol{A}\boldsymbol{Q}=\boldsymbol{\Lambda}=\begin{pmatrix}-2&0&0\\0&1&0\\0&0&1\end{pmatrix}.$$

5.5 二次型及其标准形

在解析几何中,为了研究二次曲线 $ax^2+bxy+cy^2=1$ 的几何性质,可以经过适当的坐标变换,把方程化为标准形 $mx'^2+ny'^2=1$. 通过此标准形,我们可方便地识别曲线的类型,进而研究曲线的性质. 在许多理论和实际问题中,经常会遇到要把二次齐次多项式通过线性变换化为平方和的形式这类问题.

5.5.1　二次型的定义及其矩阵表示

定义 5.9　含有 n 个变量 $x_1,x_2,\cdots,x_n$ 的二次齐次函数

$$f(x_1,x_2,\cdots,x_n)=a_{11}x_1^2+a_{22}x_2^2+\cdots+a_{nn}x_n^2+2a_{12}x_1x_2 \\ +2a_{13}x_1x_3+\cdots+2a_{n-1,n}x_{n-1}x_n \tag{5.6}$$

称为**二次型**.

当 a_{ij} 为复数时，f 为**复二次型**；当 a_{ij} 全为实数时，f 为**实二次型**. 本书仅讨论实二次型.

取 $a_{ij}=a_{ji}$，则 $2a_{ij}x_ix_j=a_{ij}x_ix_j+a_{ji}x_jx_i$，于是(5.6)式可写成

$$\begin{aligned} f(x_1,x_2,\cdots,x_n)= & a_{11}x_1^2+a_{12}x_1x_2+\cdots+a_{1n}x_1x_n \\ & +a_{21}x_2x_1+a_{22}x_2^2+\cdots+a_{2n}x_2x_n \\ & \quad\vdots \\ & +a_{n1}x_nx_1+a_{n2}x_nx_2+\cdots+a_{nn}x_n^2 \\ = & \sum_{i,j=1}^{n}a_{ij}x_ix_j. \end{aligned} \tag{5.7}$$

(5.7)式还可用矩阵表示. 由

$$\begin{aligned} f(x_1,x_2,\cdots,x_n)= & a_{11}x_1^2+a_{12}x_1x_2+\cdots+a_{1n}x_1x_n \\ & +a_{21}x_2x_1+a_{22}x_2^2+\cdots+a_{2n}x_2x_n \\ & \quad\vdots \\ & +a_{n1}x_nx_1+a_{n2}x_nx_2+\cdots+a_{nn}x_n^2 \\ = & (x_1,x_2,\cdots,x_n)\begin{pmatrix} a_{11} & a_{12} & \cdots & a_{1n} \\ a_{21} & a_{22} & \cdots & a_{2n} \\ \vdots & \vdots & & \vdots \\ a_{n1} & a_{n2} & \cdots & a_{nn} \end{pmatrix}\begin{pmatrix} x_1 \\ x_2 \\ \vdots \\ x_n \end{pmatrix}, \end{aligned}$$

令

$$\boldsymbol{A}=\begin{pmatrix} a_{11} & a_{12} & \cdots & a_{1n} \\ a_{21} & a_{22} & \cdots & a_{2n} \\ \vdots & \vdots & & \vdots \\ a_{n1} & a_{n2} & \cdots & a_{nn} \end{pmatrix},\quad \boldsymbol{x}=\begin{pmatrix} x_1 \\ x_2 \\ \vdots \\ x_n \end{pmatrix},$$

则(5.7)式可以表示为

$$f=\boldsymbol{x}^{\mathrm{T}}\boldsymbol{A}\boldsymbol{x},$$

其中 $\boldsymbol{A}$ 是实对称矩阵.

显然，任给一个二次型，就惟一确定一个对称矩阵；反之，任给一个对称矩阵，也可惟一确定一个二次型. 二次型 f 与对称矩阵 $\boldsymbol{A}$ 之间是一一对应的. 因此，我们把对

称矩阵 $\boldsymbol{A}$ 称为**二次型 f 的矩阵**,把 f 称为**对称矩阵 $\boldsymbol{A}$ 的二次型**,对称矩阵 $\boldsymbol{A}$ 的秩称为**二次型 f 的秩**.

例 5.17 写出二次型 $f(x_1,x_2,x_3)=x_1^2+2x_2^2-x_3^2-4x_1x_3$ 的矩阵,并求其秩.

解 二次型 f 的矩阵为

$$\boldsymbol{A}=\begin{pmatrix}1&0&-2\\0&2&0\\-2&0&-1\end{pmatrix},$$

$|\boldsymbol{A}|=-10$,$\mathrm{R}(\boldsymbol{A})=3$,所以二次型 f 的秩为 3.

只含有平方项的二次型 $f=k_1y_1^2+k_2y_2^2+\cdots+k_ny_n^2$ 称为二次型的**标准形**.系数为 1 或 −1 的标准形 $f=y_1^2+\cdots+y_p^2-y_{p+1}^2-\cdots-y_r^2$ 称为二次型的**规范形**.

5.5.2 将二次型化为标准形的方法

1. 正交变换法

由定理 5.14 可知,对于任意实对称矩阵 $\boldsymbol{A}$,总有正交矩阵 $\boldsymbol{Q}$,使 $\boldsymbol{Q}^{\mathrm{T}}\boldsymbol{A}\boldsymbol{Q}=\boldsymbol{Q}^{-1}\boldsymbol{A}\boldsymbol{Q}=\boldsymbol{\Lambda}$,即可通过正交变换化二次型为标准形.用正交变换化二次型为标准形的过程实际上就是求正交矩阵 $\boldsymbol{Q}$,使 $\boldsymbol{Q}^{-1}\boldsymbol{A}\boldsymbol{Q}=\boldsymbol{\Lambda}$ 的过程.

定理 5.15 任给二次型 $f=\boldsymbol{x}^{\mathrm{T}}\boldsymbol{A}\boldsymbol{x}$,总存在正交变换 $\boldsymbol{x}=\boldsymbol{Q}\boldsymbol{y}$,使 f 化为标准形

$$f=\lambda_1y_1^2+\lambda_2y_2^2+\cdots+\lambda_ny_n^2,$$

其中 $\lambda_1,\lambda_2,\cdots,\lambda_n$ 是 f 的矩阵 $\boldsymbol{A}$ 的特征值.

例 5.18 求正交变换 $\boldsymbol{x}=\boldsymbol{Q}\boldsymbol{y}$,将二次型

$$f(x_1,x_2,x_3)=x_1^2-2x_2^2-2x_3^2-4x_1x_2+4x_1x_3+8x_2x_3$$

化为标准形.

解 二次型 f 的矩阵为

$$\boldsymbol{A}=\begin{pmatrix}1&-2&2\\-2&-2&4\\2&4&-2\end{pmatrix},$$

其特征多项式为

$$\begin{vmatrix}1-\lambda&-2&2\\-2&-2-\lambda&4\\2&4&-2-\lambda\end{vmatrix}=-(\lambda+7)(\lambda-2)^2,$$

特征值为 $\lambda_1=-7$,$\lambda_2=\lambda_3=2$.

当 $\lambda_1=-7$ 时,解齐次线性方程组 $(\boldsymbol{A}+7\boldsymbol{E})\boldsymbol{x}=\boldsymbol{0}$.由

$$\boldsymbol{A}+7\boldsymbol{E}=\begin{pmatrix}8&-2&2\\-2&5&4\\2&4&5\end{pmatrix}\sim\begin{pmatrix}1&0&\frac{1}{2}\\0&1&1\\0&0&0\end{pmatrix},$$

得基础解系

$$\boldsymbol{\xi}_1=\begin{pmatrix}1\\2\\-2\end{pmatrix},$$

将$\boldsymbol{\xi}_1$单位化,得

$$\boldsymbol{e}_1=\frac{1}{3}\begin{pmatrix}1\\2\\-2\end{pmatrix}.$$

当$\lambda_2=\lambda_3=2$时,解齐次线性方程组$(\boldsymbol{A}-2\boldsymbol{E})\boldsymbol{x}=\boldsymbol{0}$. 由

$$\boldsymbol{A}-2\boldsymbol{E}=\begin{pmatrix}-1&-2&2\\-2&-4&4\\2&4&-4\end{pmatrix}\sim\begin{pmatrix}1&2&-2\\0&0&0\\0&0&0\end{pmatrix},$$

得基础解系

$$\boldsymbol{\xi}_2=\begin{pmatrix}-2\\1\\0\end{pmatrix},\quad \boldsymbol{\xi}_3=\begin{pmatrix}2\\0\\1\end{pmatrix}.$$

将$\boldsymbol{\xi}_2,\boldsymbol{\xi}_3$正交单位化,得

$$\boldsymbol{e}_2=\frac{1}{\sqrt{5}}\begin{pmatrix}-2\\1\\0\end{pmatrix},\quad \boldsymbol{e}_3=\frac{1}{3\sqrt{5}}\begin{pmatrix}2\\4\\5\end{pmatrix}.$$

取正交矩阵$\boldsymbol{Q}=\begin{pmatrix}\frac{1}{3}&-\frac{2}{\sqrt{5}}&\frac{2}{3\sqrt{5}}\\\frac{2}{3}&\frac{1}{\sqrt{5}}&\frac{4}{3\sqrt{5}}\\-\frac{2}{3}&0&\frac{5}{3\sqrt{5}}\end{pmatrix}$,则在正交变换$\boldsymbol{x}=\boldsymbol{Q}\boldsymbol{y}$的作用下,二次型化为$f=-7y_1^2+2y_2^2+2y_3^2$.

用正交变换化二次型为标准形,具有保持几何形状不变的优点. 如果不限于用正交变换,还可用多种方法把二次型化成标准形,如配方法、合同变换法等.

2. 配方法

例 5.19 用配方法化二次型

$$f(x_1,x_2,x_3)=x_1^2+2x_2^2+10x_3^2+2x_1x_2+2x_1x_3+8x_2x_3$$

为标准形,并求所用的变换矩阵.

解 由于f中含有x_1的平方项,先将含x_1的项配方,有

$$f(x_1,x_2,x_3)=x_1^2+2x_1(x_2+x_3)+(x_2+x_3)^2-(x_2+x_3)^2+2x_2^2+8x_2x_3+10x_3^2$$

$$= (x_1 + x_2 + x_3)^2 + x_2^2 + 6x_2x_3 + 9x_3^2,$$

继续配方,有

$$f(x_1, x_2, x_3) = (x_1 + x_2 + x_3)^2 + (x_2 + 3x_3)^2.$$

令

$$\begin{cases} y_1 = x_1 + x_2 + x_3, \\ y_2 = x_2 + 3x_3, \\ y_3 = x_3, \end{cases}$$

即

$$\begin{pmatrix} x_1 \\ x_2 \\ x_3 \end{pmatrix} = \begin{pmatrix} 1 & -1 & 2 \\ 0 & 1 & -3 \\ 0 & 0 & 1 \end{pmatrix} \begin{pmatrix} y_1 \\ y_2 \\ y_3 \end{pmatrix},$$

则矩阵 $\boldsymbol{C} = \begin{pmatrix} 1 & -1 & 2 \\ 0 & 1 & -3 \\ 0 & 0 & 1 \end{pmatrix}$ 即为所求的变换矩阵. 在变换 $\boldsymbol{x} = \boldsymbol{C}\boldsymbol{y}$ 的作用下,二次型化为 $f = y_1^2 + y_2^2$.

例 5.20 用配方法将二次型

$$f(x_1, x_2, x_3) = x_1x_2 + x_1x_3 + x_2x_3$$

化为标准形,并求所用的变换矩阵.

解 因为 f 中不含平方项,但含有 x_1x_2 乘积项,故令

$$\begin{cases} x_1 = y_1 - y_2, \\ x_2 = y_1 + y_2, \\ x_3 = y_3, \end{cases}$$

即

$$\boldsymbol{x} = \begin{pmatrix} 1 & -1 & 0 \\ 1 & 1 & 0 \\ 0 & 0 & 1 \end{pmatrix} \boldsymbol{y} = \boldsymbol{C}_1 \boldsymbol{y},$$

将 $\boldsymbol{x} = \boldsymbol{C}_1\boldsymbol{y}$ 代入 f,则 $f = y_1^2 - y_2^2 + 2y_1y_3$.

由于 f 中含有 y_1 的平方项,将含 y_1 的项配方,有

$$\begin{aligned} f &= (y_1^2 + 2y_1y_3 + y_3^2) - y_2^2 - y_3^2 \\ &= (y_1 + y_3)^2 - y_2^2 - y_3^2, \end{aligned}$$

令

$$\begin{cases} z_1 = y_1 + y_3, \\ z_2 = y_2, \\ z_3 = y_3, \end{cases}$$

即

$$\boldsymbol{y}=\begin{pmatrix}1&0&-1\\0&1&0\\0&0&1\end{pmatrix}\boldsymbol{z}=\boldsymbol{C}_2\boldsymbol{z},$$

矩阵 $\boldsymbol{C}=\boldsymbol{C}_1\boldsymbol{C}_2=\begin{pmatrix}1&-1&-1\\1&1&-1\\0&0&1\end{pmatrix}$ 即为所求的变换矩阵. 在变换 $\boldsymbol{x}=\boldsymbol{C}\boldsymbol{z}$ 的作用下,二次型化为 $f=z_1^2-z_2^2-z_3^2$.

由上述例子可知,用配方法化二次型为标准形的步骤如下:

(1) 若二次型含有 x_i 的平方项,则先把含有 x_i 的项归纳在一起,然后配方,再对其余的变量重复上述过程直到所有的变量都配成平方项为止,就得到标准形.

(2) 若二次型不含有平方项,且 $a_{ij}\neq 0(i\neq j)$,则先作可逆变换

$$\begin{cases}x_i=y_i-y_j,\\x_j=y_i+y_j,\quad k=1,2,\cdots,n;\ k\neq i,k\neq j,i\neq j,\\x_k=y_k,\end{cases}$$

化二次型为含有平方项的二次型,然后按(1)中的方法进行化简.

可以验证,任意一个二次型都可以通过配方法化为标准形.

3. 合同变换法(初等变换法)

如果对二次型 $f(x_1,x_2,\cdots,x_n)=\boldsymbol{x}^{\mathrm{T}}\boldsymbol{A}\boldsymbol{x}$ 作可逆线性变换 $\boldsymbol{x}=\boldsymbol{C}\boldsymbol{y}$,则

$$f(x_1,x_2,\cdots,x_n)=\boldsymbol{x}^{\mathrm{T}}\boldsymbol{A}\boldsymbol{x}=(\boldsymbol{C}\boldsymbol{y})^{\mathrm{T}}\boldsymbol{A}(\boldsymbol{C}\boldsymbol{y})=\boldsymbol{y}^{\mathrm{T}}(\boldsymbol{C}^{\mathrm{T}}\boldsymbol{A}\boldsymbol{C})\boldsymbol{y}=\boldsymbol{y}^{\mathrm{T}}\boldsymbol{B}\boldsymbol{y},$$

其中 $\boldsymbol{B}=\boldsymbol{C}^{\mathrm{T}}\boldsymbol{A}\boldsymbol{C}$ 为对称矩阵. 对 $\boldsymbol{A}$ 与 $\boldsymbol{B}$ 的这种关系,我们有如下定义.

定义 5.10 设 $\boldsymbol{A},\boldsymbol{B}$ 为两个 n 阶方阵,如果存在可逆矩阵 $\boldsymbol{C}$,使 $\boldsymbol{B}=\boldsymbol{C}^{\mathrm{T}}\boldsymbol{A}\boldsymbol{C}$,则称矩阵 $\boldsymbol{A}$ 与 $\boldsymbol{B}$ 合同,或称 $\boldsymbol{A}$ 合同于 $\boldsymbol{B}$.

定理 5.16 若矩阵 $\boldsymbol{A}$ 与 $\boldsymbol{B}$ 合同,则 $\boldsymbol{A}$ 与 $\boldsymbol{B}$ 等价,且 $\mathrm{R}(\boldsymbol{A})=\mathrm{R}(\boldsymbol{B})$.

矩阵合同具有以下性质:

(1) **反身性** 方阵 $\boldsymbol{A}$ 与 $\boldsymbol{A}$ 合同.

(2) **对称性** 若 $\boldsymbol{A}$ 与 $\boldsymbol{B}$ 合同,则 $\boldsymbol{B}$ 与 $\boldsymbol{A}$ 合同.

(3) **传递性** 若 $\boldsymbol{A}$ 与 $\boldsymbol{B}$ 合同,$\boldsymbol{B}$ 与 $\boldsymbol{C}$ 合同,则 $\boldsymbol{A}$ 与 $\boldsymbol{C}$ 合同.

由于任意一个二次型 $f=\boldsymbol{x}^{\mathrm{T}}\boldsymbol{A}\boldsymbol{x}$ 都可找到可逆线性变换 $\boldsymbol{x}=\boldsymbol{C}\boldsymbol{y}$ 将其化为标准形,即存在可逆方阵 $\boldsymbol{C}$,使 $\boldsymbol{C}^{\mathrm{T}}\boldsymbol{A}\boldsymbol{C}$ 为对角矩阵 $\boldsymbol{D}$. 而任一可逆方阵都可写成若干个初等矩阵的乘积,即存在初等方阵 $\boldsymbol{P}_1,\boldsymbol{P}_2,\cdots,\boldsymbol{P}_s$,使

$$\boldsymbol{C}=\boldsymbol{P}_1\boldsymbol{P}_2\cdots\boldsymbol{P}_s=\boldsymbol{E}\boldsymbol{P}_1\boldsymbol{P}_2\cdots\boldsymbol{P}_s,\tag{5.8}$$

于是有

$$\boldsymbol{D}=\boldsymbol{C}^{\mathrm{T}}\boldsymbol{A}\boldsymbol{C}=\boldsymbol{P}_s^{\mathrm{T}}\cdots\boldsymbol{P}_1^{\mathrm{T}}\boldsymbol{A}\boldsymbol{P}_1\cdots\boldsymbol{P}_s,\tag{5.9}$$

(5.9)式表明对实对称矩阵 $\boldsymbol{A}$ 相继施行一次初等列变换,同时施行同种类型的初等行变换,矩阵 $\boldsymbol{A}$ 就合同于对角矩阵 $\boldsymbol{D}$.

综合(5.8)式和(5.9)式,可得用合同变换法化二次型为标准形的步骤如下:

(1) 构造 $2n\times n$ 矩阵 $\begin{pmatrix}\boldsymbol{A}\\ \cdots\\ \boldsymbol{E}\end{pmatrix}$,对 $\begin{pmatrix}\boldsymbol{A}\\ \cdots\\ \boldsymbol{E}\end{pmatrix}$ 每施行一次初等列变换化为 $\begin{pmatrix}\boldsymbol{A}_1\\ \cdots\\ *\end{pmatrix}$,就对 $\boldsymbol{A}_1$ 施行一次相同的初等行变换;

(2) 当 $\boldsymbol{A}$ 化为对角矩阵 $\boldsymbol{\Lambda}$ 时,$\boldsymbol{E}$ 将化为可逆矩阵 $\boldsymbol{C}$,即 $\boldsymbol{\Lambda}=\boldsymbol{C}^{\mathrm{T}}\boldsymbol{A}\boldsymbol{C}$.

例 5.21 用合同变换法将例 5.18 中的二次型化为标准形.

解 由于

$$\begin{pmatrix}\boldsymbol{A}\\ \cdots\\ \boldsymbol{E}\end{pmatrix}=\begin{pmatrix}1&-2&2\\-2&-2&4\\2&4&-2\\ \hdashline 1&0&0\\0&1&0\\0&0&1\end{pmatrix}\underset{r_2+r_3}{\overset{c_2+c_3}{\sim}}\begin{pmatrix}1&0&2\\0&4&2\\2&2&-2\\ \hdashline 1&0&0\\0&1&0\\0&1&1\end{pmatrix}\underset{r_3-2\times r_1}{\overset{c_3-2\times c_1}{\sim}}\begin{pmatrix}1&0&0\\0&4&2\\0&2&-6\\ \hdashline 1&0&-2\\0&1&0\\0&1&1\end{pmatrix}\underset{r_3-\frac{1}{2}\times r_2}{\overset{c_3-\frac{1}{2}\times c_2}{\sim}}\begin{pmatrix}1&0&0\\0&4&0\\0&0&-7\\ \hdashline 1&0&-2\\0&1&-\frac{1}{2}\\0&1&\frac{1}{2}\end{pmatrix}.$$

令 $\boldsymbol{C}=\begin{pmatrix}1&0&-2\\0&1&-\frac{1}{2}\\0&1&\frac{1}{2}\end{pmatrix}$,则在可逆变换 $\boldsymbol{x}=\boldsymbol{C}\boldsymbol{y}$ 的作用下,二次型化为

$$f=y_1^2+4y_2^2-7y_3^2.$$

比较例 5.18 与例 5.21 的结果可知,二次型的标准形并不惟一.但有两点是确定的,一是标准形中所含平方项的项数是确定的,即为二次型的秩;二是标准形中正平方项的项数和负平方项的项数也是确定的.

5.6 正定二次型

定理 5.17(惯性定理) 设实二次型 $f=\boldsymbol{x}^{\mathrm{T}}\boldsymbol{A}\boldsymbol{x}$ 的秩为 r,有两个可逆变换 $\boldsymbol{x}=\boldsymbol{C}\boldsymbol{y}$ 及 $\boldsymbol{x}=\boldsymbol{P}\boldsymbol{z}$,使得

$$f=k_1y_1^2+k_2y_2^2+\cdots+k_py_p^2-k_{p+1}y_{p+1}^2-\cdots-k_ry_r^2,\quad k_i>0,i=1,2,\cdots,r \tag{5.10}$$

及

$$f=\lambda_1z_1^2+\lambda_2z_2^2+\cdots+\lambda_qz_q^2-\lambda_{q+1}z_{q+1}^2-\cdots-\lambda_rz_r^2,\quad \lambda_i>0,i=1,2,\cdots,r,$$

则 $p=q$.

标准形(5.10)式中的正平方项的个数 p 称为二次型 f(或矩阵 $\boldsymbol{A}$)的**正惯性指**

数，$r-p$ 为二次型 f（或矩阵 $\boldsymbol{A}$）的**负惯性指数**.

定义 5.11　设实二次型 $f(x_1,x_2,\cdots,x_n)=\boldsymbol{x}^{\mathrm{T}}\boldsymbol{A}\boldsymbol{x}$，如果对任意 $\boldsymbol{x}\neq\boldsymbol{0}$，都有 $f(\boldsymbol{x})>0$，则称 f 为正定二次型，并称对称矩阵 $\boldsymbol{A}$ 是正定的；如果对任意 $\boldsymbol{x}$，都有 $f(\boldsymbol{x})\geqslant 0$，则称 f 为半正定二次型，并称对称矩阵 $\boldsymbol{A}$ 是半正定的；如果对任意 $\boldsymbol{x}\neq\boldsymbol{0}$，都有 $f(\boldsymbol{x})<0$，则称 f 为负定二次型，并称对称矩阵 $\boldsymbol{A}$ 是负定的；如果对任意 $\boldsymbol{x}$，都有 $f(\boldsymbol{x})\leqslant 0$，则称 f 为半负定二次型，并称对称矩阵 $\boldsymbol{A}$ 是半负定的.

定理 5.18　若 $\boldsymbol{A}$ 为 n 阶实对称矩阵，则下列命题等价：

(1) $f=\boldsymbol{x}^{\mathrm{T}}\boldsymbol{A}\boldsymbol{x}$ 为正定二次型；

(2) $\boldsymbol{A}$ 的 n 个特征值全为正；

(3) f 的正惯性指数为 n；

(4) $\boldsymbol{A}$ 的各阶顺序主子式都为正，即

$$a_{11}>0,\quad \begin{vmatrix} a_{11} & a_{12} \\ a_{21} & a_{22} \end{vmatrix}>0,\cdots,\begin{vmatrix} a_{11} & \cdots & a_{1n} \\ \vdots & & \vdots \\ a_{n1} & \cdots & a_{nn} \end{vmatrix}>0.$$

例 5.22　判定二次型 $f(x_1,x_2,x_3)=3x_1^2+3x_2^2+x_3^2+4x_1x_2$ 的正定性.

解　由 $|\boldsymbol{A}-\lambda\boldsymbol{E}|=\begin{vmatrix} 3-\lambda & 2 & 0 \\ 2 & 3-\lambda & 0 \\ 0 & 0 & 1-\lambda \end{vmatrix}=(1-\lambda)^2(5-\lambda)=0$，得 $\boldsymbol{A}$ 的特征值为 1，1，5，所以 f 为正定二次型.

例 5.23　讨论 t 取何值时，二次型 $f=2x^2+2y^2+z^2+2txy+2xz-2yz$ 正定.

解　f 的矩阵为

$$\boldsymbol{A}=\begin{pmatrix} 2 & t & 1 \\ t & 2 & -1 \\ 1 & -1 & 1 \end{pmatrix},$$

由于 f 正定，所以

$$a_{11}=2>0,\begin{vmatrix} a_{11} & a_{12} \\ a_{21} & a_{22} \end{vmatrix}=\begin{vmatrix} 2 & t \\ t & 2 \end{vmatrix}=4-t^2>0,\quad |\boldsymbol{A}|=-t(t+2)>0,$$

即 t 应满足

$$\begin{cases} 4-t^2>0, \\ -t(t+2)>0, \end{cases}$$

所以当 $-2<t<0$ 时，二次型 f 正定.

与判定正定二次型类似地，我们有下面定理.

定理 5.19　若 $\boldsymbol{A}$ 为 n 阶实对称矩阵，则下列命题等价：

(1) $f=\boldsymbol{x}^{\mathrm{T}}\boldsymbol{A}\boldsymbol{x}$ 为负定二次型；

(2) $\boldsymbol{A}$ 的 n 个特征值全为负；

(3) f 的负惯性指数为 n；

(4) $\boldsymbol{A}$ 的各阶顺序主子式中，奇数阶顺序主子式为负，偶数阶顺序主子式为正，即

$$(-1)^r\begin{vmatrix} a_{11} & \cdots & a_{1r} \\ \vdots & & \vdots \\ a_{r1} & \cdots & a_{rr} \end{vmatrix} > 0,\quad r=1,2,\cdots,n.$$

习题五

1. 设$\boldsymbol{\alpha}=\begin{pmatrix}1\\2\\-1\end{pmatrix}$,$\boldsymbol{\beta}=\begin{pmatrix}1\\1\\3\end{pmatrix}$,$\boldsymbol{\gamma}=\begin{pmatrix}0\\1\\2\end{pmatrix}$,

(1) 求$\langle\boldsymbol{\alpha},\boldsymbol{\beta}\rangle$,$\langle\boldsymbol{\alpha},\boldsymbol{\gamma}\rangle$；

(2) 问$\boldsymbol{\alpha}$与$\boldsymbol{\beta}$及$\boldsymbol{\alpha}$与$\boldsymbol{\gamma}$是否正交；并将$\boldsymbol{\alpha}$,$\boldsymbol{\beta}$,$\boldsymbol{\gamma}$单位化.

2. 设$\boldsymbol{\alpha}=\begin{pmatrix}1\\0\\-2\end{pmatrix}$,$\boldsymbol{\beta}=\begin{pmatrix}-4\\2\\3\end{pmatrix}$,$\boldsymbol{\gamma}$与$\boldsymbol{\alpha}$正交，且$\boldsymbol{\beta}=\lambda\boldsymbol{\alpha}+\boldsymbol{\gamma}$,求$\lambda$和$\boldsymbol{\gamma}$.

3. 试用施密特正交化方法将下列向量组正交化：

(1) $\boldsymbol{\alpha}_1=\begin{pmatrix}1\\1\\1\end{pmatrix}$,$\boldsymbol{\alpha}_2=\begin{pmatrix}1\\2\\3\end{pmatrix}$,$\boldsymbol{\alpha}_3=\begin{pmatrix}1\\4\\9\end{pmatrix}$；

(2) $\boldsymbol{\alpha}_1=\begin{pmatrix}1\\0\\-1\\1\end{pmatrix}$,$\boldsymbol{\alpha}_2=\begin{pmatrix}1\\-1\\0\\1\end{pmatrix}$,$\boldsymbol{\alpha}_3=\begin{pmatrix}-1\\1\\1\\0\end{pmatrix}$.

4. 判断下列矩阵是否为正交矩阵.

(1) $\begin{pmatrix}2&1&0\\-1&1&1\\1&-1&1\end{pmatrix}$；　　(2) $\dfrac{1}{\sqrt{2}}\begin{pmatrix}1&0&1&0\\1&0&-1&0\\0&1&0&1\\0&-1&0&1\end{pmatrix}$.

5. 设$\boldsymbol{\alpha}_1=\begin{pmatrix}1\\2\\2\end{pmatrix}$,求非零向量$\boldsymbol{\alpha}_2$,$\boldsymbol{\alpha}_3$,使得$\boldsymbol{\alpha}_1$,$\boldsymbol{\alpha}_2$,$\boldsymbol{\alpha}_3$为正交向量组.

6. 设$\boldsymbol{A}$与$\boldsymbol{B}$都是n阶正交矩阵，证明$\boldsymbol{AB}$也是n阶正交矩阵.

7. 求下列矩阵的特征值与特征向量：

(1) $\begin{pmatrix} 2 & -3 \\ -3 & 2 \end{pmatrix}$；　　(2) $\begin{pmatrix} 2 & 0 & 0 \\ 0 & 2 & 3 \\ 0 & 3 & 2 \end{pmatrix}$；

(3) $\begin{pmatrix} 1 & -2 & 2 \\ -2 & -2 & 4 \\ 2 & 4 & -2 \end{pmatrix}$；　　(4) $\begin{pmatrix} 2 & 1 & 0 \\ 0 & 1 & 0 \\ -1 & 1 & 1 \end{pmatrix}$.

8. 设 $\boldsymbol{A}=\begin{pmatrix} 5 & 0 & 0 \\ 0 & x & 1 \\ 0 & 1 & 3 \end{pmatrix}$ 与矩阵 $\boldsymbol{\Lambda}=\begin{pmatrix} y & 0 & 0 \\ 0 & 2 & 0 \\ 0 & 0 & 4 \end{pmatrix}$ 相似，

(1) 求 x,y 的值；

(2) 求可逆矩阵 $\boldsymbol{P}$，使 $\boldsymbol{P}^{-1}\boldsymbol{AP}=\boldsymbol{\Lambda}$.

9. 设三阶方阵 $\boldsymbol{A}$ 的特征值为 $\lambda_1=1,\lambda_2=0,\lambda_3=-1$，对应的特征向量分别为

$$\boldsymbol{x}_1=\begin{pmatrix} 1 \\ 2 \\ 2 \end{pmatrix},\quad \boldsymbol{x}_2=\begin{pmatrix} 2 \\ -2 \\ 1 \end{pmatrix},\quad \boldsymbol{x}_3=\begin{pmatrix} -2 \\ -1 \\ 2 \end{pmatrix},$$

求矩阵 $\boldsymbol{A}$.

10. 设三阶矩阵 $\boldsymbol{A}$ 的特征值为 $1,-1,2$，求 $\boldsymbol{A}^*+3\boldsymbol{A}-2\boldsymbol{E}$ 的特征值.

11. 若 4 阶方阵 $\boldsymbol{A}$ 与 $\boldsymbol{B}$ 相似，且矩阵 $\boldsymbol{A}$ 的特征值为 $\frac{1}{2},\frac{1}{3},\frac{1}{4},\frac{1}{6}$，计算下列各式：

(1) $\left|\boldsymbol{A}-\frac{1}{2}\boldsymbol{E}\right|$；　(2) $\left|\boldsymbol{A}-\frac{1}{3}\boldsymbol{E}\right|$；　(3) $|\boldsymbol{A}^{-1}-6\boldsymbol{E}|$；　(4) $|\boldsymbol{B}^{-1}-3\boldsymbol{E}|$.

12. 设 $\boldsymbol{A}=\begin{pmatrix} 2 & 0 & 1 \\ 3 & 1 & x \\ 4 & 0 & 5 \end{pmatrix}$ 可对角化，求 x.

13. 已知向量 $\boldsymbol{p}=\begin{pmatrix} 1 \\ 1 \\ -1 \end{pmatrix}$ 是 $\boldsymbol{A}=\begin{pmatrix} 2 & -1 & 2 \\ 5 & a & 3 \\ -1 & b & -2 \end{pmatrix}$ 的一个特征向量，

(1) 求参数 a,b 及特征向量 $\boldsymbol{p}$ 所对应的特征值；

(2) 问矩阵 $\boldsymbol{A}$ 能否对角化，并说明理由.

14. 设 $\boldsymbol{A}=\begin{pmatrix} 2 & 1 & 2 \\ 1 & 2 & 2 \\ 2 & 2 & 1 \end{pmatrix}$，求 $\varphi(\boldsymbol{A})=\boldsymbol{A}^{10}-6\boldsymbol{A}^9+5\boldsymbol{A}^8$.

15. 求正交矩阵 $\boldsymbol{Q}$，使 $\boldsymbol{Q}^{-1}\boldsymbol{AQ}$ 为对角矩阵，其中矩阵 $\boldsymbol{A}$ 的具体形式如下：

(1) $\boldsymbol{A}=\begin{pmatrix} 2 & -2 & 0 \\ -2 & 1 & -2 \\ 0 & -2 & 0 \end{pmatrix}$; (2) $\boldsymbol{A}=\begin{pmatrix} 0 & 0 & 3 \\ 0 & 3 & 0 \\ 3 & 0 & 0 \end{pmatrix}$.

16. 将下列二次型用矩阵形式表示:

(1) $f(x_1,x_2,x_3)=x_1^2-2x_2^2+5x_3^2+2x_1x_2+2x_1x_3+6x_2x_3$;

(2) $f(x_1,x_2,x_3,x_4)=x_1x_2+x_1x_4+x_2x_3+x_3x_4$.

17. 求一个正交变换将下列二次型化为标准形:

(1) $f(x_1,x_2,x_3)=2x_1^2+x_2^2-4x_1x_2-4x_2x_3$;

(2) $f(x_1,x_2,x_3)=x_1^2+4x_2^2+4x_3^2-4x_1x_2+4x_1x_3-8x_2x_3$.

18. 用配方法或合同变换法将下列二次型化为标准形:

(1) $f(x_1,x_2,x_3)=-x_2^2-8x_3^2+2x_1x_2+4x_1x_3$;

(2) $f(x_1,x_2,x_3)=2x_1x_2+4x_1x_3$.

19. 判断下列二次型的正定性:

(1) $f=-2x_1^2-6x_2^2-4x_3^2+2x_1x_2+2x_2x_3$;

(2) $f=3x_1^2+4x_2^2+5x_3^2+4x_1x_2-4x_2x_3$.

20. 当 t 满足什么条件时,下列二次型是正定的?

(1) $f=x_1^2+4x_2^2+2x_3^2+2tx_1x_2+2x_1x_3$;

(2) $f=x_1^2+2x_2^2+3x_3^2+2x_1x_2-2x_1x_3+2tx_2x_3$.

21. 设 $\boldsymbol{A}$ 是正定矩阵,证明 $\boldsymbol{A}^{\mathrm{T}},\boldsymbol{A}^{-1},\boldsymbol{A}^{*}$ 也是正定矩阵.

22. 设 $\boldsymbol{A}$ 为 $m\times n$ 实矩阵,证明当 $\lambda>0$ 时,矩阵 $\boldsymbol{B}=\lambda\boldsymbol{E}+\boldsymbol{A}^{\mathrm{T}}\boldsymbol{A}$ 正定.

第 6 章*

线性空间与线性变换

线性空间与线性变换作为第 3 章中向量空间内容的推广，是线性代数的重要组成部分. 本章主要介绍线性空间及其基、维数、子空间等基本概念，以及基变换和线性变换等相关内容，目的是使向量及向量空间的概念更加一般化、抽象化.

6.1 线性空间的定义及性质

6.1.1 线性空间的定义

定义 6.1 设 V 是一个非空集合，$\mathbb{R}$ 为实数域. 如果对于任意两个元素 $\alpha,\beta\in V$，V 中总有惟一元素 γ 与之对应，则称 γ 为 α 与 β 的和，记为 $\gamma=\alpha+\beta$，此时称 V 关于加法运算封闭；又对于任一数 $k\in\mathbb{R}$ 与任一元素 $\alpha\in V$，V 中总有惟一元素 δ 与之对应，则称 δ 为 k 与 α 的积，记为 $\delta=k\alpha$，此时称 V 关于乘数运算封闭. 若 V 中元素满足以下八条运算规律（设 $\alpha,\beta,\gamma\in V$；$k,l\in\mathbb{R}$）：

(1) $\alpha+\beta=\beta+\alpha$；

(2) $(\alpha+\beta)+\gamma=\alpha+(\beta+\gamma)$；

(3) 在 V 中存在零元素 0，对任一元素 $\alpha\in V$，都有 $\alpha+0=\alpha$；

(4) 对 V 中每一元素 α，V 中都有负元素 $\beta\in V$，使得 $\alpha+\beta=0$，α 的负元素记为 $-\alpha$；

(5) $1\alpha=\alpha$；

(6) $k(la)=(kl)\alpha$；

(7) $(k+l)\alpha=k\alpha+l\alpha$；

(8) $k(\alpha+\beta)=k\alpha+k\beta$，

则称 V 为 $\mathbb{R}$ 上的线性空间，V 中元素称为向量.

简言之，凡满足上述八条运算规律的加法和乘数运算称为**线性运算**，凡定义了线性运算的非空集合，都可称为**线性空间**.

由第3章的知识可知,向量为有序数组,满足这八条运算规律的向量全体构成向量空间,故向量空间是一种特殊的线性空间,其元素就是向量.线性空间可看成向量空间的推广,即

(1) 线性空间中的元素不一定是有序数组,可以是其他元素,例如矩阵、多项式等;

(2) 线性空间中定义的加法和乘数运算不一定是第3章中的有序数组的加法和乘数运算.

要检验一个非空集合能否构成线性空间,不仅要检验该集合对所定义的加法和乘数运算是否封闭,还要检验所定义的加法和乘数运算是否满足上述八条运算规律.

例 6.1 所有 n 阶方阵构成的集合 M_n,对任意的方阵 $\boldsymbol{A},\boldsymbol{B}\in M_n$,都有 $\boldsymbol{A}+\boldsymbol{B}\in M_n$,$\lambda\boldsymbol{A}\in M_n(\lambda\in\mathbb{R})$,并且满足定义 6.1 中的八条运算规律,故 M_n 对于矩阵的加法与乘数运算构成一个线性空间.

例 6.2 闭区间$[a,b]$上的全体连续函数 $\mathrm{C}[a,b]$,对于函数的加法和乘数运算,构成$\mathbb{R}$上的线性空间,因为连续函数的和及实数与连续函数的乘积仍然连续,且满足定义 6.1 中的八条运算规律.

例 6.3 实函数全体 F,对于函数的加法和实数与函数的乘法,构成$\mathbb{R}$上的线性空间.由于对任意的函数 $f,g\in F$,都有 $f(x)+g(x)\in F,\lambda f(x)\in F(\lambda\in\mathbb{R})$,且满足定义 6.1 中的八条运算规律.

例 6.4 一个非齐次线性方程组解的全体,对于向量的加法和乘数运算不构成$\mathbb{R}$上的线性空间,因为非齐次线性方程组的解的和不是原非齐次线性方程组的解;而一个齐次线性方程组解的全体,对于向量的加法和乘数运算,构成$\mathbb{R}$上的线性空间.

6.1.2 线性空间的性质

性质 6.1 零元素惟一.

证 假设 $0_1,0_2$ 是线性空间 V 中的两个零元素,即对任意的 $\alpha\in V$,有 $\alpha+0_1=\alpha$,$\alpha+0_2=\alpha$,特别地有 $0_2+0_1=0_2$,$0_1+0_2=0_1$,故 $0_1=0_1+0_2=0_2+0_1=0_2$.

性质 6.2 任一元素的负元素惟一.

证 假设 α 有两个负元素 β,γ,即 $\alpha+\beta=0$,$\alpha+\gamma=0$,则

$$\beta=\beta+0=\beta+(\alpha+\gamma)=(\beta+\alpha)+\gamma=0+\gamma=\gamma.$$

性质 6.3 $0\alpha=0$;$(-1)\alpha=-\alpha$;$k0=0$.

证 由于 $\alpha+0\alpha=(1+0)\alpha=1\alpha=\alpha$,所以 $0\alpha=0$;

由于 $\alpha+(-1)\alpha=1\alpha+(-1)\alpha=[1+(-1)]\alpha=0\alpha=0$,所以$(-1)\alpha=-\alpha$;

由于 $k0=k[\alpha+(-1)\alpha]=k\alpha+(-k)\alpha=[k+(-k)]\alpha=0\alpha=0$,所以 $k0=0$.

性质 6.4 若 $k\alpha=0$,则 $k=0$ 或 $\alpha=0$.

证 若 $k\neq 0$，由 $k\alpha=0$，可得 $\frac{1}{k}(k\alpha)=\frac{1}{k}0=0$，而 $\frac{1}{k}(k\alpha)=\left(\frac{1}{k}k\right)\alpha=1\alpha=\alpha$，所以 $\alpha=0$.

第 3 章向量空间子空间的概念可推广到一般的线性空间中.

定义 6.2 设 V_1 为 $\mathbb{R}$ 上的线性空间 V 的一个非空子集，如果 V_1 对于 V 的两种运算也构成 $\mathbb{R}$ 上的线性空间，则称 V_1 为 V 的一个线性子空间，简称子空间.

由于 V_1 中的元素也是 V 的元素，满足定义 6.1 中的八条运算规律，故只要 V_1 中的元素对加法和乘数运算是封闭的，就可断言 V_1 是 V 的子空间.

例 6.5 在全体实函数组成的线性空间 F 中，所有实系数多项式构成 V 的子空间，因为实系数多项式的和与乘数运算后仍是实系数多项式.

线性空间 V 本身是 V 的一个子空间，由单个零向量所组成的子集合也是 V 的一个线性子空间，它叫做**零子空间**，一般地，零子空间和线性空间本身这两个子空间叫做**平凡子空间**，而其他的线性子空间叫做**非平凡子空间**.

6.2 基、维数与坐标

在向量空间中，我们介绍了基、维数及坐标等概念，线性空间作为向量空间的推广，也有基与维数. 本节还将把解析几何中的“坐标法”推广到线性空间上.

定义 6.3 在线性空间 V 中，如果存在 n 个元素 $\alpha_1,\alpha_2,\cdots,\alpha_n$，满足

(1) $\alpha_1,\alpha_2,\cdots,\alpha_n$ 线性无关；

(2) V 中任一元素 α 都可由 $\alpha_1,\alpha_2,\cdots,\alpha_n$ 线性表示，

则称 $\alpha_1,\alpha_2,\cdots,\alpha_n$ 为线性空间 V 的一个基，n 称为 V 的维数，记为 $\dim(V)=n$，称 V 为 n 维线性空间，记为 V_n，并规定零空间(只含零元素的线性空间)的维数为 0.

例 6.6 n 维向量空间 $\mathbb{R}^n$ 中的向量 $\boldsymbol{\varepsilon}_1=(1,0,\cdots,0)^{\mathrm{T}},\boldsymbol{\varepsilon}_2=(0,1,\cdots,0)^{\mathrm{T}},\cdots,\boldsymbol{\varepsilon}_n=(0,0,\cdots,1)^{\mathrm{T}}$ 就是 $\mathbb{R}^n$ 的一个基，称为 $\mathbb{R}^n$ 中的**标准正交基**.

例 6.7 若齐次线性方程组 $\boldsymbol{A}_{m\times n}\boldsymbol{X}=\boldsymbol{0}$ 的系数矩阵的秩 $\mathrm{R}(\boldsymbol{A})=r<n$，则其解空间的维数为 $n-r$，该方程组的一个基础解系就是解空间的一个基. 由于基础解系不惟一，所以解空间的基不惟一.

注 6.1 一个线性空间的维数是惟一的，但是基不惟一.

若线性空间有一个基，则线性空间中的元素就有了具体的表现形式，这无疑对线性空间的研究提供了方便.

定理 6.1 若 $\alpha_1,\alpha_2,\cdots,\alpha_n$ 是线性空间 V_n 的一个基，则对任一元素 $\alpha\in V_n$，α 可由 $\alpha_1,\alpha_2,\cdots,\alpha_n$ 惟一线性表出.

证 显然 α 可由 $\alpha_1,\alpha_2,\cdots,\alpha_n$ 线性表出，故只需要证明惟一性即可. 若存在 $x_1,x_2,\cdots,x_n\in\mathbb{R}$，$y_1,y_2,\cdots,y_n\in\mathbb{R}$，使得

$$\alpha = x_1\alpha_1 + x_2\alpha_2 + \cdots + x_n\alpha_n$$

及

$$\alpha = y_1\alpha_1 + y_2\alpha_2 + \cdots + y_n\alpha_n,$$

两式相减,有

$$(x_1 - y_1)\alpha_1 + (x_2 - y_2)\alpha_2 + \cdots + (x_n - y_n)\alpha_n = 0,$$

由于 $\alpha_1,\alpha_2,\cdots,\alpha_n$ 线性无关,所以 $x_i = y_i (i=1,2,\cdots,n)$,定理得证.

定义 6.4 设 $\alpha_1,\alpha_2,\cdots,\alpha_n$ 是线性空间 V_n 的一个基,对任一元素 $\alpha \in V_n$,有且仅有一组有序数 $x_1,x_2,\cdots,x_n$,使

$$\alpha = x_1\alpha_1 + x_2\alpha_2 + \cdots + x_n\alpha_n,$$

则称有序数组 $x_1,x_2,\cdots,x_n$ 为 α 在基 $\alpha_1,\alpha_2,\cdots,\alpha_n$ 下的坐标,记为 $\boldsymbol{x} = (x_1,x_2,\cdots,x_n)^{\mathrm{T}}$.

由定义 6.4 可知,V_n 中的元素在给定的基下有惟一的坐标,也就是元素和向量是一一对应的,这也是线性空间中的元素仍可称为向量的原因.

例 6.8 在 $\mathbb{R}^3$ 中,求 $\boldsymbol{\alpha} = (1,2,7)^{\mathrm{T}}$ 在基 $\boldsymbol{\alpha}_1 = (1,0,1)^{\mathrm{T}}, \boldsymbol{\alpha}_2 = (1,1,0)^{\mathrm{T}}, \boldsymbol{\alpha}_3 = (0,1,1)^{\mathrm{T}}$ 下的坐标.

解 设 $\boldsymbol{\alpha} = x_1\boldsymbol{\alpha}_1 + x_2\boldsymbol{\alpha}_2 + x_3\boldsymbol{\alpha}_3$,于是有

$$\begin{cases} x_1 + x_2 = 1, \\ x_2 + x_3 = 2, \\ x_1 + x_3 = 7, \end{cases}$$

解得 $\boldsymbol{\alpha}$ 在此基下的坐标为 $\boldsymbol{x} = (3,-2,4)^{\mathrm{T}}$.

例 6.9 对于多项式的加法和实数与多项式的乘法运算,集合

$$P[x]_3 = \{a_3x^3 + a_2x^2 + a_1x + a_0 \mid a_3,a_2,a_1,a_0 \in \mathbb{R}\}$$

构成一个线性空间,$e_1 = 1, e_2 = x, e_3 = x^2, e_4 = x^3$ 是 $P[x]_3$ 的一个基,$P[x]_3$ 中任一多项式 $f(x) = a_3x^3 + a_2x^2 + a_1x + a_0$ 可写成

$$f(x) = a_0e_1 + a_1e_2 + a_2e_3 + a_3e_4,$$

因此多项式 $f(x)$ 在基 $e_1 = 1, e_2 = x, e_3 = x^2, e_4 = x^3$ 下的坐标为 $(a_0,a_1,a_2,a_3)^{\mathrm{T}}$.

例 6.10 在 $\mathbb{R}^3$ 中,令 $\boldsymbol{\alpha} = (2,-1,2)^{\mathrm{T}}$,求:

(1) $\boldsymbol{\alpha}$ 在基 $\boldsymbol{\alpha}_1 = (1,0,3)^{\mathrm{T}}, \boldsymbol{\alpha}_2 = (2,1,1)^{\mathrm{T}}, \boldsymbol{\alpha}_3 = (1,1,1)^{\mathrm{T}}$ 下的坐标;

(2) $\boldsymbol{\alpha}$ 在基 $\boldsymbol{\beta}_1 = (0,1,1)^{\mathrm{T}}, \boldsymbol{\beta}_2 = (-1,1,0)^{\mathrm{T}}, \boldsymbol{\beta}_3 = (1,2,1)^{\mathrm{T}}$ 下的坐标.

解 (1) 设 $\boldsymbol{\alpha} = x_1\boldsymbol{\alpha}_1 + x_2\boldsymbol{\alpha}_2 + x_3\boldsymbol{\alpha}_3$,于是有

$$\begin{cases} x_1 + 2x_2 + x_3 = 2, \\ x_2 + x_3 = -1, \\ 3x_1 + x_2 + x_3 = 2, \end{cases}$$

解得 $\boldsymbol{\alpha}$ 在基 $\boldsymbol{\alpha}_1,\boldsymbol{\alpha}_2,\boldsymbol{\alpha}_3$ 下的坐标为 $\boldsymbol{x} = (1,2,-3)^{\mathrm{T}}$.

(2) 设 $\boldsymbol{\alpha} = y_1\boldsymbol{\beta}_1 + y_2\boldsymbol{\beta}_2 + y_3\boldsymbol{\beta}_3$,于是有

$$\begin{cases} -y_2+y_3=2, \\ y_1+y_2+2y_3=-1, \\ y_1+y_3=2, \end{cases}$$

解之可得 $\boldsymbol{\alpha}$ 在基 $\boldsymbol{\beta}_1,\boldsymbol{\beta}_2,\boldsymbol{\beta}_3$ 下的坐标为 $\boldsymbol{x}=\left(\frac{5}{2},-\frac{5}{2},-\frac{1}{2}\right)^{\mathrm{T}}$.

由此可以看出，同一向量在不同基下的坐标是不同的. 求向量在某个基下的坐标的问题实际上就是求解一个线性方程组的问题.

6.3 基变换与坐标变换

线性空间中任一向量 α 在取定基下的坐标是惟一的，但在不同基下的坐标会有所不同. 那么，不同基下的坐标之间有什么关系呢？本节将利用过渡矩阵来研究不同基下的坐标之间的关系.

定义 6.5 设 $\alpha_1,\alpha_2,\cdots,\alpha_n$ 与 $\beta_1,\beta_2,\cdots,\beta_n$ 是线性空间 V_n 的两个基，它们的关系为

$$\begin{cases} \beta_1=p_{11}\alpha_1+p_{21}\alpha_2+\cdots+p_{n1}\alpha_n, \\ \beta_2=p_{12}\alpha_1+p_{22}\alpha_2+\cdots+p_{n2}\alpha_n, \\ \qquad\vdots \\ \beta_n=p_{1n}\alpha_1+p_{2n}\alpha_2+\cdots+p_{nn}\alpha_n, \end{cases} \tag{6.1}$$

即

$$\begin{aligned}(\beta_1,\beta_2,\cdots,\beta_n)&=(\alpha_1,\alpha_2,\cdots,\alpha_n)\begin{pmatrix} p_{11} & p_{12} & \cdots & p_{1n} \\ p_{21} & p_{22} & \cdots & p_{2n} \\ \vdots & \vdots & & \vdots \\ p_{n1} & p_{n2} & \cdots & p_{nn} \end{pmatrix} \\ &=(\alpha_1,\alpha_2,\cdots,\alpha_n)\boldsymbol{P},\end{aligned} \tag{6.2}$$

则称 $\boldsymbol{P}$ 为由基 $\alpha_1,\alpha_2,\cdots,\alpha_n$ 到基 $\beta_1,\beta_2,\cdots,\beta_n$ 的过渡矩阵，(6.1)式或(6.2)式称为基变换公式.

过渡矩阵 $\boldsymbol{P}$ 中第 i 列元素实际上就是 β_i 在基 $\alpha_1,\alpha_2,\cdots,\alpha_n$ 下的坐标. 由于 $\beta_1,\beta_2,\cdots,\beta_n$ 线性无关，故 $\boldsymbol{P}$ 必可逆.

定理 6.2 设 V_n 中向量 α 在基 $\alpha_1,\alpha_2,\cdots,\alpha_n$ 下的坐标为 $\boldsymbol{x}=(x_1,x_2,\cdots,x_n)^{\mathrm{T}}$，在基 $\beta_1,\beta_2,\cdots,\beta_n$ 下的坐标为 $\boldsymbol{y}=(y_1,y_2,\cdots,y_n)^{\mathrm{T}}$，由基 $\alpha_1,\alpha_2,\cdots,\alpha_n$ 到基 $\beta_1,\beta_2,\cdots,\beta_n$ 的过渡矩阵为 $\boldsymbol{P}$，则有坐标变换公式

$$\boldsymbol{x}=\begin{pmatrix} x_1 \\ x_2 \\ \vdots \\ x_n \end{pmatrix}=\boldsymbol{P}\begin{pmatrix} y_1 \\ y_2 \\ \vdots \\ y_n \end{pmatrix}=\boldsymbol{P}\boldsymbol{y}, \quad 或 \quad \boldsymbol{y}=\begin{pmatrix} y_1 \\ y_2 \\ \vdots \\ y_n \end{pmatrix}=\boldsymbol{P}^{-1}\begin{pmatrix} x_1 \\ x_2 \\ \vdots \\ x_n \end{pmatrix}=\boldsymbol{P}^{-1}\boldsymbol{x}.$$

证 因为

$$(\alpha_1,\alpha_2,\cdots,\alpha_n)\begin{pmatrix}x_1\\x_2\\\vdots\\x_n\end{pmatrix}=\boldsymbol{\alpha}=(\beta_1,\beta_2,\cdots,\beta_n)\begin{pmatrix}y_1\\y_2\\\vdots\\y_n\end{pmatrix}$$

$$=(\alpha_1,\alpha_2,\cdots,\alpha_n)\boldsymbol{P}\begin{pmatrix}y_1\\y_2\\\vdots\\y_n\end{pmatrix},$$

由于 $\alpha_1,\alpha_2,\cdots,\alpha_n$ 线性无关,故 $\boldsymbol{x}=\boldsymbol{P}\boldsymbol{y}$. 又由于过渡矩阵 $\boldsymbol{P}$ 可逆,故 $\boldsymbol{y}=\boldsymbol{P}^{-1}\boldsymbol{x}$.

例 6.11 在 $\mathbb{R}^3$ 中有两个基

A:$\boldsymbol{\alpha}_1=(1,0,1)^{\mathrm{T}},\boldsymbol{\alpha}_2=(1,1,0)^{\mathrm{T}},\boldsymbol{\alpha}_3=(0,1,1)^{\mathrm{T}}$;

B:$\boldsymbol{\beta}_1=(1,1,1)^{\mathrm{T}},\boldsymbol{\beta}_2=(1,1,2)^{\mathrm{T}},\boldsymbol{\beta}_3=(1,2,1)^{\mathrm{T}}$,

(1) 求由基 A 到基 B 的过渡矩阵;

(2) 求向量 $\boldsymbol{\alpha}=\boldsymbol{\alpha}_1+2\boldsymbol{\alpha}_2+3\boldsymbol{\alpha}_3$ 在基 B 下的坐标.

解 (1) 设 $(\boldsymbol{\beta}_1,\boldsymbol{\beta}_2,\boldsymbol{\beta}_3)=(\boldsymbol{\alpha}_1,\boldsymbol{\alpha}_2,\boldsymbol{\alpha}_3)\boldsymbol{P}$,有

$$\begin{pmatrix}1&1&1\\1&1&2\\1&2&1\end{pmatrix}=\begin{pmatrix}1&1&0\\0&1&1\\1&0&1\end{pmatrix}\boldsymbol{P},$$

解得

$$\boldsymbol{P}=\begin{pmatrix}1&1&0\\0&1&1\\1&0&1\end{pmatrix}^{-1}\begin{pmatrix}1&1&1\\1&1&2\\1&2&1\end{pmatrix}=\begin{pmatrix}\frac{1}{2}&1&0\\\frac{1}{2}&0&1\\\frac{1}{2}&1&1\end{pmatrix}.$$

(2) 由题意知,$\boldsymbol{\alpha}$ 在基 $\boldsymbol{\alpha}_1,\boldsymbol{\alpha}_2,\boldsymbol{\alpha}_3$ 下的坐标为 $\boldsymbol{x}=(1,2,3)^{\mathrm{T}}$,而 $\boldsymbol{P}^{-1}=\begin{pmatrix}2&2&-2\\0&-1&1\\-1&0&1\end{pmatrix}$,

故 $\boldsymbol{\alpha}$ 在基 $\boldsymbol{\beta}_1,\boldsymbol{\beta}_2,\boldsymbol{\beta}_3$ 下的坐标为

$$\boldsymbol{y}=\boldsymbol{P}^{-1}\boldsymbol{x}=\begin{pmatrix}2&2&-2\\0&-1&1\\-1&0&1\end{pmatrix}\begin{pmatrix}1\\2\\3\end{pmatrix}=\begin{pmatrix}0\\1\\2\end{pmatrix}.$$

例 6.12 在 $\mathbb{R}^3$ 中,两个基 $\boldsymbol{\alpha}_1,\boldsymbol{\alpha}_2,\boldsymbol{\alpha}_3$ 和 $\boldsymbol{\beta}_1,\boldsymbol{\beta}_2,\boldsymbol{\beta}_3$ 的关系为 $\boldsymbol{\beta}_1=\boldsymbol{\alpha}_1+\boldsymbol{\alpha}_2,\boldsymbol{\beta}_2=\boldsymbol{\alpha}_2+\boldsymbol{\alpha}_3$,$\boldsymbol{\beta}_3=\boldsymbol{\alpha}_1+\boldsymbol{\alpha}_3$,求由 $\boldsymbol{\alpha}_1,\boldsymbol{\alpha}_2,\boldsymbol{\alpha}_3$ 到 $\boldsymbol{\beta}_1,\boldsymbol{\beta}_2,\boldsymbol{\beta}_3$ 的过渡矩阵,以及从 $\boldsymbol{\beta}_1,\boldsymbol{\beta}_2,\boldsymbol{\beta}_3$ 到 $\boldsymbol{\alpha}_1,\boldsymbol{\alpha}_2,\boldsymbol{\alpha}_3$ 的过

渡矩阵.

解 因为

$$\begin{cases}\boldsymbol{\beta}_1=\boldsymbol{\alpha}_1+\boldsymbol{\alpha}_2,\\ \boldsymbol{\beta}_2=\boldsymbol{\alpha}_2+\boldsymbol{\alpha}_3,\\ \boldsymbol{\beta}_3=\boldsymbol{\alpha}_1+\boldsymbol{\alpha}_3,\end{cases}$$

故从 $\boldsymbol{\alpha}_1,\boldsymbol{\alpha}_2,\boldsymbol{\alpha}_3$ 到 $\boldsymbol{\beta}_1,\boldsymbol{\beta}_2,\boldsymbol{\beta}_3$ 的过渡矩阵为 $\boldsymbol{P}=\begin{pmatrix}1&0&1\\1&1&0\\0&1&1\end{pmatrix}$.

又 $\boldsymbol{P}$ 可逆,故从 $\boldsymbol{\beta}_1,\boldsymbol{\beta}_2,\boldsymbol{\beta}_3$ 到 $\boldsymbol{\alpha}_1,\boldsymbol{\alpha}_2,\boldsymbol{\alpha}_3$ 的过渡矩阵为

$$\boldsymbol{Q}=\boldsymbol{P}^{-1}=\begin{pmatrix}1&0&1\\1&1&0\\0&1&1\end{pmatrix}^{-1}=\frac{1}{2}\begin{pmatrix}1&1&-1\\-1&1&1\\1&-1&1\end{pmatrix}.$$

6.4 线性变换的定义及运算

在微积分中我们介绍过映射,本节将这一概念推广至线性空间上,进而介绍线性空间中的变换、一些常用的线性变换及性质.

定义 6.6 设 A,B 是两个非空集合,如果对于 A 中任意元素 α,按照一定的法则 f,B 中总有惟一确定的元素 β 与之对应,则称法则 f 为从集合 A 到集合 B 的映射. 当 $A=B$ 时,从 A 到 B 的映射称为集合 A 中的变换.

通常,映射记为 $f: A\to B$,集合 A 中的变换常用 T 表示. 若 A 中元素 α 与 B 中元素 β 对应,记为 $\beta=f(\alpha)$,称 β 是 α 在映射 f 下的**像**,称 α 是 β 在映射 f 下的**原像**,f 的全体像构成的集合称为 f 的像集,记为 $f(A)$,即 $f(A)=\{f(\alpha)\mid\alpha\in A\}$.

例 6.13 设 $A=\mathbb{R}$,$B=\mathbb{R}^+$,$f(x)=x^2+1$ 是从 $\mathbb{R}$ 到 $\mathbb{R}^+$ 的一个映射,$-1,1$ 在 f 下的像均为 2. 这说明一个元素 α 在 f 下的像 β 是惟一的,但元素 β 在 f 下的原像可能不惟一.

定义 6.7 设 V,U 是 $\mathbb{R}$ 上的两个线性空间,f 是从 V 到 U 的一个映射,若满足

(1) 任给元素 $\alpha,\beta\in V$,有 $f(\alpha+\beta)=f(\alpha)+f(\beta)$;

(2) 任给元素 $\alpha\in V,k\in\mathbb{R}$,有 $f(k\alpha)=kf(\alpha)$,

则称 f 为从 V 到 U 的线性映射. 当 $V=U$ 时,从 V 到 U 的线性映射称为 V 中的线性变换.

例 6.14 给定线性空间 V,变换 $T(\alpha)=\lambda\alpha(\alpha\in V,\lambda\in\mathbb{R})$ 是 V 中的一个线性变换. 当 $\lambda=0$ 时,$T(\alpha)=0$,即把 V 中任一元素变成零向量,称为**零变换**,记为 0; 当 $\lambda=1$ 时,$T(\alpha)=\alpha$,即把空间中任一元素变为自身,称为**恒等变换**或者**单位变换**,记为 I,即 $I(\alpha)=\alpha$.

例 6.15 集合 $P[x]_n=\{a_nx^n+a_{n-1}x^{n-1}+\cdots+a_1x+a_0\,|\,a_n,a_{n-1},\cdots,a_1,a_0\in\mathbb{R}\}$ 对于多项式的加法和实数与多项式的乘法运算构成一个线性空间,微分运算 D 是 $P[x]_n$ 中的一个线性变换.

证 由于对任意的多项式 $f(x),g(x)\in P[x]_n,k\in\mathbb{R}$,有

$$\mathrm{D}(f(x)+g(x))=\mathrm{D}f(x)+\mathrm{D}g(x),\quad \mathrm{D}(kf(x))=k\mathrm{D}f(x),$$

故 D 是 $P[x]_n$ 中的一个线性变换.

例 6.16 在线性空间$\mathbb{R}^3$ 中,平移变换 $T(\boldsymbol{\alpha})=\boldsymbol{\alpha}+(1,1,0)^{\mathrm{T}}$ 不是线性变换.

证 当 $k\neq1$ 时,$T(k\boldsymbol{\alpha})=k\boldsymbol{\alpha}+(1,1,0)^{\mathrm{T}}\neq k\boldsymbol{\alpha}+k(1,1,0)^{\mathrm{T}}=kT(\boldsymbol{\alpha})$,故 $T(\boldsymbol{\alpha})=\boldsymbol{\alpha}+(1,1,0)^{\mathrm{T}}$ 不是线性变换.

线性变换具有以下性质:

(1) $T(0)=0,T(-\alpha)=-T(\alpha)$;

(2) 若 $\beta=k_1\alpha_1+k_2\alpha_2+\cdots+k_m\alpha_m$,则

$$T(\beta)=k_1T(\alpha_1)+k_2T(\alpha_2)+\cdots+k_mT(\alpha_m);$$

(3) 若 $\alpha_1,\alpha_2,\cdots,\alpha_m$ 线性相关,则 $T(\alpha_1),T(\alpha_2),\cdots,T(\alpha_m)$也线性相关.

证 这里只证明(3).

由于 $\alpha_1,\alpha_2,\cdots,\alpha_m$ 线性相关,故存在一组不全为零的数 $k_1,k_2,\cdots,k_m$,使得

$$k_1\alpha_1+k_2\alpha_2+\cdots+k_m\alpha_m=0,$$

将 T 作用于上式两端,由性质(1)和性质(2),有

$$k_1T(\alpha_1)+k_2T(\alpha_2)+\cdots+k_mT(\alpha_m)=0,$$

即存在一组不全为零的数 $k_1,k_2,\cdots,k_m$,使 $k_1T(\alpha_1)+k_2T(\alpha_2)+\cdots+k_mT(\alpha_m)=0$ 成立,故 $T(\alpha_1),T(\alpha_2),\cdots,T(\alpha_m)$线性相关.

注 6.2 $\alpha_1,\alpha_2,\cdots,\alpha_m$ 线性无关,$T(\alpha_1),T(\alpha_2),\cdots,T(\alpha_m)$不一定线性无关.例如零变换把线性无关的向量组变成零向量组,必线性相关.

6.5 线性变换的矩阵

设 T 是线性空间 V_n 中的一个线性变换,取定 V_n 的一个基 $\alpha_1,\alpha_2,\cdots,\alpha_n$,则 $T(\alpha_1),T(\alpha_2),\cdots,T(\alpha_n)$也是 V_n 中的元素,可被 $\alpha_1,\alpha_2,\cdots,\alpha_n$ 线性表示,设线性表示式为

$$\begin{cases}T(\alpha_1)=a_{11}\alpha_1+a_{21}\alpha_2+\cdots+a_{n1}\alpha_n,\\ T(\alpha_2)=a_{12}\alpha_1+a_{22}\alpha_2+\cdots+a_{n2}\alpha_n,\\ \qquad\vdots\\ T(\alpha_n)=a_{1n}\alpha_1+a_{2n}\alpha_2+\cdots+a_{nn}\alpha_n,\end{cases}\tag{6.3}$$

记 $T(\alpha_1,\alpha_2,\cdots,\alpha_n)=(T(\alpha_1),T(\alpha_2),\cdots,T(\alpha_n))$,则(6.3)式可表示为

$$T(\alpha_1,\alpha_2,\cdots,\alpha_n)=(\alpha_1,\alpha_2,\cdots,\alpha_n)\boldsymbol{A},$$

其中

$$A=\begin{pmatrix} a_{11} & a_{12} & \cdots & a_{1n} \\ a_{21} & a_{22} & \cdots & a_{2n} \\ \vdots & \vdots & & \vdots \\ a_{n1} & a_{n2} & \cdots & a_{nn} \end{pmatrix}.$$

这样，在取定 V_n 的一个基 $\alpha_1,\alpha_2,\cdots,\alpha_n$ 后，V_n 中的每个线性变换 T 都对应一个 n 阶方阵 A；反之，对每个 n 阶方阵 A，V_n 中都存在惟一的一个线性变换 T，使得在取定基下，T 对应于矩阵 A. 综合起来，V_n 中的线性变换与 n 阶方阵在取定基的条件下一一对应，V_n 中线性变换的全体和全体 n 阶方阵之间可以建立一一对应的关系.

定义 6.8 设 T 是线性空间 V_n 中的一个线性变换，取定 V_n 的一个基 $\alpha_1,\alpha_2,\cdots,\alpha_n$，若 $T(\alpha_1,\alpha_2,\cdots,\alpha_n)=(\alpha_1,\alpha_2,\cdots,\alpha_n)A$，则称 A 为线性变换 T 在基 $\alpha_1,\alpha_2,\cdots,\alpha_n$ 下的矩阵.

例 6.17 设$\mathbb{R}^3$ 中的线性变换 T 使得

$$T(\boldsymbol{\varepsilon}_1)=(1,1,2)^{\mathrm{T}},\quad T(\boldsymbol{\varepsilon}_2)=(0,1,1)^{\mathrm{T}},\quad T(\boldsymbol{\varepsilon}_3)=(1,1,0)^{\mathrm{T}},$$

求 T 在基 $\boldsymbol{\varepsilon}_1,\boldsymbol{\varepsilon}_2,\boldsymbol{\varepsilon}_3$ 下的矩阵.

解 由于

$$\begin{cases} T(\boldsymbol{\varepsilon}_1)=\boldsymbol{\varepsilon}_1+\boldsymbol{\varepsilon}_2+2\boldsymbol{\varepsilon}_3, \\ T(\boldsymbol{\varepsilon}_2)=0\boldsymbol{\varepsilon}_1+\boldsymbol{\varepsilon}_2+\boldsymbol{\varepsilon}_3, \\ T(\boldsymbol{\varepsilon}_3)=\boldsymbol{\varepsilon}_1+\boldsymbol{\varepsilon}_2+0\boldsymbol{\varepsilon}_3, \end{cases}$$

即 $T(\boldsymbol{\varepsilon}_1,\boldsymbol{\varepsilon}_2,\boldsymbol{\varepsilon}_3)=(\boldsymbol{\varepsilon}_1,\boldsymbol{\varepsilon}_2,\boldsymbol{\varepsilon}_3)\begin{pmatrix} 1 & 0 & 1 \\ 1 & 1 & 1 \\ 2 & 1 & 0 \end{pmatrix}$，故 T 在基 $\boldsymbol{\varepsilon}_1,\boldsymbol{\varepsilon}_2,\boldsymbol{\varepsilon}_3$ 下的矩阵为

$$A=\begin{pmatrix} 1 & 0 & 1 \\ 1 & 1 & 1 \\ 2 & 1 & 0 \end{pmatrix}.$$

例 6.18 在线性空间 $P[x]_2=\{a_2x^2+a_1x+a_0\mid a_2,a_1,a_0\in\mathbb{R}\}$ 中，求微分运算 D 在基 $e_1=1,e_2=x,e_3=x^2$ 下的矩阵.

解 由于

$$\begin{cases} \mathrm{D}e_1=0=0e_1+0e_2+0e_3, \\ \mathrm{D}e_2=1=1e_1+0e_2+0e_3, \\ \mathrm{D}e_3=2x=0e_1+2e_2+0e_3, \end{cases}$$

即 $\mathrm{D}(e_1,e_2,e_3)=(e_1,e_2,e_3)\begin{pmatrix} 0 & 1 & 0 \\ 0 & 0 & 2 \\ 0 & 0 & 0 \end{pmatrix}$，故 D 在此基下的矩阵为

$$A=\begin{pmatrix}0&1&0\\0&0&2\\0&0&0\end{pmatrix}.$$

下面给出α与$T(\alpha)$在同一个基下坐标的关系式.

定理 6.3 设T是V_n中的一个线性变换,其在基$\alpha_1,\alpha_2,\cdots,\alpha_n$下的矩阵为$A$,如果$V_n$中元素$\alpha$和$T(\alpha)$在该基下的坐标分别为$x=(x_1,x_2,\cdots,x_n)^T$和$y=(y_1,y_2,\cdots,y_n)^T$,则两坐标之间的关系为

$$y=\begin{pmatrix}y_1\\y_2\\\vdots\\y_n\end{pmatrix}=A\begin{pmatrix}x_1\\x_2\\\vdots\\x_n\end{pmatrix}=Ax.$$

证 由于

$$\begin{aligned}(\alpha_1,\alpha_2,\cdots,\alpha_n)\begin{pmatrix}y_1\\y_2\\\vdots\\y_n\end{pmatrix}&=T(\alpha)=T(x_1\alpha_1+x_2\alpha_2+\cdots+x_n\alpha_n)\\&=x_1T(\alpha_1)+x_2T(\alpha_2)+\cdots+x_nT(\alpha_n)\\&=(T(\alpha_1),T(\alpha_2),\cdots,T(\alpha_n))\begin{pmatrix}x_1\\x_2\\\vdots\\x_n\end{pmatrix}\\&=T(\alpha_1,\alpha_2,\cdots,\alpha_n)\begin{pmatrix}x_1\\x_2\\\vdots\\x_n\end{pmatrix}\\&=(\alpha_1,\alpha_2,\cdots,\alpha_n)A\begin{pmatrix}x_1\\x_2\\\vdots\\x_n\end{pmatrix},\end{aligned}$$

又$\alpha_1,\alpha_2,\cdots,\alpha_n$线性无关,故$y=Ax$.

线性变换的矩阵表示是对于所选的基而言的.一般地,选取的基不同,线性变换对应的矩阵也不同.那么如何确定同一线性变换在不同基下所对应矩阵的关系呢?我们借助过渡矩阵来讨论它们之间的关系.

定理 6.4 设T是V_n中的一个线性变换,其在基$\alpha_1,\alpha_2,\cdots,\alpha_n$下的矩阵为$A$,

在基 $\beta_1,\beta_2,\cdots,\beta_n$ 下的矩阵为 $\boldsymbol{B}$，由基 $\alpha_1,\alpha_2,\cdots,\alpha_n$ 到 $\beta_1,\beta_2,\cdots,\beta_n$ 的过渡矩阵为 $\boldsymbol{P}$，则

$$\boldsymbol{B}=\boldsymbol{P}^{-1}\boldsymbol{A}\boldsymbol{P}.$$

证 由于 $(\beta_1,\beta_2,\cdots,\beta_n)=(\alpha_1,\alpha_2,\cdots,\alpha_n)\boldsymbol{P}$，将 T 作用于上式两端，有

$$T(\beta_1,\beta_2,\cdots,\beta_n)=T(\alpha_1,\alpha_2,\cdots,\alpha_n)\boldsymbol{P}=(\alpha_1,\alpha_2,\cdots,\alpha_n)\boldsymbol{A}\boldsymbol{P},$$

而

$$T(\beta_1,\beta_2,\cdots,\beta_n)=(\beta_1,\beta_2,\cdots,\beta_n)\boldsymbol{B}=(\alpha_1,\alpha_2,\cdots,\alpha_n)\boldsymbol{P}\boldsymbol{B},$$

故

$$(\alpha_1,\alpha_2,\cdots,\alpha_n)\boldsymbol{A}\boldsymbol{P}=(\alpha_1,\alpha_2,\cdots,\alpha_n)\boldsymbol{P}\boldsymbol{B},$$

由于 $\alpha_1,\alpha_2,\cdots,\alpha_n$ 线性无关，故

$$\boldsymbol{P}\boldsymbol{B}=\boldsymbol{A}\boldsymbol{P},$$

而过渡矩阵 $\boldsymbol{P}$ 可逆，故 $\boldsymbol{B}=\boldsymbol{P}^{-1}\boldsymbol{A}\boldsymbol{P}$.

定理 6.4 表明，线性变换 T 在不同基下的矩阵是相似的，其相似变换的矩阵 $\boldsymbol{P}$ 是两基之间的过渡矩阵.

例 6.19 求例 6.17 中的线性变换 T 在基

$$\boldsymbol{\alpha}_1=(1,1,0)^{\mathrm{T}},\quad \boldsymbol{\alpha}_2=(1,0,1)^{\mathrm{T}},\quad \boldsymbol{\alpha}_3=(0,1,0)^{\mathrm{T}}$$

下的矩阵.

解 由例 6.17 知，T 在基 $\boldsymbol{\varepsilon}_1,\boldsymbol{\varepsilon}_2,\boldsymbol{\varepsilon}_3$ 下的矩阵为 $\begin{pmatrix}1&0&1\\1&1&1\\2&1&0\end{pmatrix}$，只要求出基 $\boldsymbol{\varepsilon}_1,\boldsymbol{\varepsilon}_2,\boldsymbol{\varepsilon}_3$ 到基 $\boldsymbol{\alpha}_1,\boldsymbol{\alpha}_2,\boldsymbol{\alpha}_3$ 的过渡矩阵即可求解. 因为 $(\boldsymbol{\alpha}_1,\boldsymbol{\alpha}_2,\boldsymbol{\alpha}_3)=(\boldsymbol{\varepsilon}_1,\boldsymbol{\varepsilon}_2,\boldsymbol{\varepsilon}_3)\boldsymbol{P}$，即

$$\begin{pmatrix}1&1&0\\1&0&1\\0&1&0\end{pmatrix}=\begin{pmatrix}1&0&0\\0&1&0\\0&0&1\end{pmatrix}\boldsymbol{P},$$

于是

$$\boldsymbol{P}^{-1}=\begin{pmatrix}1&1&0\\1&0&1\\0&1&0\end{pmatrix}^{-1}=\begin{pmatrix}1&0&-1\\0&0&1\\-1&1&1\end{pmatrix},$$

由此可得

$$\boldsymbol{B}=\boldsymbol{P}^{-1}\boldsymbol{A}\boldsymbol{P}=\begin{pmatrix}1&0&-1\\0&0&1\\-1&1&1\end{pmatrix}\begin{pmatrix}1&0&1\\1&1&1\\2&1&0\end{pmatrix}\begin{pmatrix}1&1&0\\1&0&1\\0&1&0\end{pmatrix}=\begin{pmatrix}-2&0&-1\\3&2&1\\4&2&2\end{pmatrix}.$$

例 6.20 在线性空间 $P[x]_2$ 中，线性变换 T 规定为

$$T(f(x))=\frac{\mathrm{d}(f(x))}{\mathrm{d}x}+f(x),\quad f(x)\in P[x]_2.$$

(1) 求 T 在基 $e_1=1,e_2=x,e_3=x^2$ 下的矩阵；

(2) 求 T 在基 $\alpha_1=1,\alpha_2=1+x,\alpha_3=x+x^2$ 下的矩阵.

解 (1)由 T 的定义得

$$\begin{cases}T(e_1)=0+1=1e_1+0e_2+0e_3,\\T(e_2)=1+x=1e_1+1e_2+0e_3,\\T(e_3)=2x+x^2=0e_1+2e_2+1e_3,\end{cases}$$

于是 T 在基 $e_1=1,e_2=x,e_3=x^2$ 下的矩阵为

$$\boldsymbol{A}=\begin{pmatrix}1&1&0\\0&1&2\\0&0&1\end{pmatrix}.$$

(2) 由基 $e_1=1,e_2=x,e_3=x^2$ 到基 $\alpha_1=1,\alpha_2=1+x,\alpha_3=x+x^2$ 的过渡矩阵为

$$\boldsymbol{P}=\begin{pmatrix}1&1&0\\0&1&1\\0&0&1\end{pmatrix},\quad \boldsymbol{P}^{-1}=\begin{pmatrix}1&-1&1\\0&1&-1\\0&0&1\end{pmatrix},$$

故

$$\boldsymbol{B}=\boldsymbol{P}^{-1}\boldsymbol{A}\boldsymbol{P}=\begin{pmatrix}1&-1&1\\0&1&-1\\0&0&1\end{pmatrix}\begin{pmatrix}1&1&0\\0&1&2\\0&0&1\end{pmatrix}\begin{pmatrix}1&1&0\\0&1&1\\0&0&1\end{pmatrix}=\begin{pmatrix}1&1&-1\\0&1&2\\0&0&1\end{pmatrix}.$$

习题六

1. 设 T 是线性空间 V 中的线性变换,$M=\{\alpha\in V\mid T(\alpha)=0\}$,问 M 对于 V 上定义的加法和乘数运算是否构成线性空间?(集合 M 称为线性变换 T 的核).

2. 在$\mathbb{R}^3$ 中,判定下列变换是否是线性变换:

(1) $T(x_1,x_2,x_3)=(x_1-x_2,x_2+x_3,0)$;

(2) $T(x_1,x_2,x_3)=(x_1+1,x_2,x_3)$;

(3) $T(x_1,x_2,x_3)=(x_1,x_2,\sin x_3)$;

(4) $T(x_1,x_2,x_3)=(x_1^2,x_2x_3,x_3^2)$.

3. 在$\mathbb{R}^2$ 中,线性变换 T 在基 $\boldsymbol{\varepsilon}_1=(1,0)^{\mathrm{T}},\boldsymbol{\varepsilon}_2=(0,1)^{\mathrm{T}}$ 下对应的矩阵为 $\boldsymbol{A}=\begin{pmatrix}1&2\\0&1\end{pmatrix}$,求下列向量的像:

(1) $\boldsymbol{\alpha}_1=(0,0)^{\mathrm{T}}$; (2) $\boldsymbol{\alpha}_2=(1,0)^{\mathrm{T}}$; (3) $\boldsymbol{\alpha}_3=(1,1)^{\mathrm{T}}$; (4) $\boldsymbol{\alpha}_4=(0,1)^{\mathrm{T}}$.

4. 在$\mathbb{R}^4$ 中,求向量 $\boldsymbol{\alpha}=(0,0,0,1)^{\mathrm{T}}$ 在基

$$\boldsymbol{e}_1=(1,1,0,1)^{\mathrm{T}},\quad \boldsymbol{e}_2=(2,1,3,1)^{\mathrm{T}},$$
$$\boldsymbol{e}_3=(1,1,0,0)^{\mathrm{T}},\quad \boldsymbol{e}_4=(0,1,-1,-1)^{\mathrm{T}}$$

下的坐标.

5. 在$\mathbb{R}^3$中取两个基

$$\boldsymbol{\alpha}_1=(1,2,1)^{\mathrm{T}},\quad \boldsymbol{\alpha}_2=(2,3,3)^{\mathrm{T}},\quad \boldsymbol{\alpha}_3=(3,7,1)^{\mathrm{T}};$$

$$\boldsymbol{\beta}_1=(3,1,4)^{\mathrm{T}},\quad \boldsymbol{\beta}_2=(5,2,1)^{\mathrm{T}},\quad \boldsymbol{\beta}_3=(1,1,-6)^{\mathrm{T}},$$

求由基$\boldsymbol{\alpha}_1,\boldsymbol{\alpha}_2,\boldsymbol{\alpha}_3$到基$\boldsymbol{\beta}_1,\boldsymbol{\beta}_2,\boldsymbol{\beta}_3$的过渡矩阵.

6. 设T是$\mathbb{R}^2$中的一个线性变换，基$\boldsymbol{\alpha}_1=(1,2)^{\mathrm{T}},\boldsymbol{\alpha}_2=(2,1)^{\mathrm{T}}$的像分别为$T(\boldsymbol{\alpha}_1)=(0,1)^{\mathrm{T}},T(\boldsymbol{\alpha}_2)=(2,3)^{\mathrm{T}}$，求：

(1) T在基$\boldsymbol{\alpha}_1=(1,2)^{\mathrm{T}},\boldsymbol{\alpha}_2=(2,1)^{\mathrm{T}}$下的矩阵；

(2) T在基$\boldsymbol{\varepsilon}_1=(1,0)^{\mathrm{T}},\boldsymbol{\varepsilon}_2=(0,1)^{\mathrm{T}}$下的矩阵.

7. 设T是$\mathbb{R}^3$中的一个线性变换，T在基$\boldsymbol{\alpha}_1,\boldsymbol{\alpha}_2,\boldsymbol{\alpha}_3$下的矩阵为$\boldsymbol{A}=\begin{pmatrix}1&1&0\\0&2&0\\0&0&1\end{pmatrix}$，求$T$在基$\boldsymbol{\beta}_1=\boldsymbol{\alpha}_1,\boldsymbol{\beta}_2=2\boldsymbol{\alpha}_1+\boldsymbol{\alpha}_2,\boldsymbol{\beta}_3=2\boldsymbol{\alpha}_3+\boldsymbol{\alpha}_1$下的矩阵.

8. 在$\mathbb{R}^4$中取两个基

$$\boldsymbol{\varepsilon}_1=(1,0,0,0)^{\mathrm{T}},\boldsymbol{\varepsilon}_2=(0,1,0,0)^{\mathrm{T}},\boldsymbol{\varepsilon}_3=(0,0,1,0)^{\mathrm{T}},\boldsymbol{\varepsilon}_4=(0,0,0,1)^{\mathrm{T}};$$

$$\boldsymbol{\alpha}_1=(2,1,-1,1)^{\mathrm{T}},\boldsymbol{\alpha}_2=(0,3,1,0)^{\mathrm{T}},\boldsymbol{\alpha}_3=(5,3,2,1)^{\mathrm{T}},\boldsymbol{\alpha}_4=(6,6,1,3)^{\mathrm{T}};$$

(1) 求基$\boldsymbol{\varepsilon}_1,\boldsymbol{\varepsilon}_2,\boldsymbol{\varepsilon}_3,\boldsymbol{\varepsilon}_4$到基$\boldsymbol{\alpha}_1,\boldsymbol{\alpha}_2,\boldsymbol{\alpha}_3,\boldsymbol{\alpha}_4$的过渡矩阵；

(2) 求向量$(x_1,x_2,x_3,x_4)^{\mathrm{T}}$在基$\boldsymbol{\alpha}_1,\boldsymbol{\alpha}_2,\boldsymbol{\alpha}_3,\boldsymbol{\alpha}_4$下的坐标表示；

(3) 求在两个基下有相同坐标的向量.

参考答案

习题一

1. (1) 11; (2) $\dfrac{n(n-1)}{2}$.

2. $M_{11}=5, A_{11}=5$; $M_{21}=3, A_{21}=-3$; $M_{31}=-7, A_{31}=-7$.

3. 5.

4. 3; 1.

5. (1) -2; (2) 2; (3) -8.

6. (1) 24; (2) 0; (3) 160; (4) 32; (5) $-b^2(4a^2-b^2)$; (6) x^2y^2; (7) 1008; (8) $[x+(n-1)](x-1)^{n-1}$; (9) $n+1$; (10) $\prod\limits_{1\leqslant i<j\leqslant n+1}(j-i)$.

7. $x_1=0, x_2=-1$.

9. (1) $\begin{cases} x_1=1, \\ x_2=1, \\ x_3=2; \end{cases}$ (2) $\begin{cases} x_1=1, \\ x_2=1, \\ x_3=-1, \\ x_4=-1. \end{cases}$

10. $\lambda=1$ 或 $\mu=1$.

11. $f(x)=8-x-2x^2+x^3$.

12. * $(c-b)(d-b)(d-c)-2(c-a)(d-a)(d-c)$.

习题二

1. 0.

2. $\begin{pmatrix} -5 \\ -1 \\ -3 \end{pmatrix}$.

3. (1) 10; (2) $\begin{pmatrix} 3 \\ 1 \\ 2 \end{pmatrix}$; (3) $\begin{pmatrix} a & & \\ & 2b & \\ & & 3c \end{pmatrix}$;

(4) $a_{11}x^2+a_{22}y^2+a_{33}z^2+2a_{12}xy+2a_{13}xz+2a_{23}yz$.

(5) $\begin{pmatrix} 1 & 0 \\ n & 1 \end{pmatrix}$; (6) $\begin{pmatrix} \lambda^n & n\lambda^{n-1} & \dfrac{n(n-1)}{2}\lambda^{n-2} \\ 0 & \lambda^n & n\lambda^{n-1} \\ 0 & 0 & \lambda^n \end{pmatrix}$, n 为正整数.

4. (1) 错, $\boldsymbol{A}=\begin{pmatrix} 0 & 0 \\ 1 & 0 \end{pmatrix}$; (2) 错, $\boldsymbol{A}=\begin{pmatrix} 0 & 0 \\ 0 & 1 \end{pmatrix}$;

(3) 错，$\boldsymbol{A}=(1,0)$，$\boldsymbol{X}=\begin{pmatrix}0\\1\end{pmatrix}$，$\boldsymbol{Y}=\begin{pmatrix}0\\0\end{pmatrix}$.

5. (1) $\boldsymbol{A}=\begin{pmatrix}1&2\\1&1\end{pmatrix}$，$\boldsymbol{B}=\begin{pmatrix}1&0\\1&2\end{pmatrix}$；　(2) $\boldsymbol{A}=\begin{pmatrix}1&2\\1&1\end{pmatrix}$，$\boldsymbol{B}=\begin{pmatrix}1&0\\1&2\end{pmatrix}$；

(3) $\boldsymbol{A}=\begin{pmatrix}1&0\\0&1\end{pmatrix}$，$\boldsymbol{B}=\begin{pmatrix}-1&0\\0&-1\end{pmatrix}$；　(4) $\boldsymbol{A}=\boldsymbol{B}=\begin{pmatrix}1&0\\0&1\end{pmatrix}$.

6. $4(a^2-b^2)^2$.

8. (1) $\begin{pmatrix}-\frac{1}{4}&\frac{1}{2}&\frac{1}{4}\\\frac{1}{2}&0&-\frac{1}{2}\\\frac{1}{4}&-\frac{1}{2}&\frac{3}{4}\end{pmatrix}$；　(2) $\begin{pmatrix}1&-2&1&0\\0&1&-2&1\\0&0&1&-2\\0&0&0&1\end{pmatrix}$；

(3) $\begin{pmatrix}0&0&1&0\\0&0&0&1\\-\frac{1}{5}&\frac{2}{5}&0&0\\\frac{3}{10}&-\frac{1}{10}&0&0\end{pmatrix}$；　(4) $\begin{pmatrix}1&0&-\frac{5}{3}&-\frac{7}{3}\\0&1&-\frac{1}{3}&-\frac{5}{3}\\0&0&\frac{1}{3}&-\frac{1}{3}\\0&0&\frac{1}{3}&\frac{2}{3}\end{pmatrix}$.

9. $\begin{pmatrix}1&\frac{1}{2}&0\\-\frac{1}{3}&1&0\\0&0&2\end{pmatrix}$.

10. $-\frac{17^3}{24}$.

12. $\begin{pmatrix}a_{13}&a_{12}&a_{11}\\a_{23}&a_{22}&a_{21}\\a_{33}&a_{32}&a_{31}\end{pmatrix}$.

13. $\begin{pmatrix}0&0&1\\0&1&0\\1&0&0\end{pmatrix}$.

14. (1) $\begin{pmatrix}-1&-\frac{2}{3}\\1&\frac{4}{3}\end{pmatrix}$；　(2) $\begin{pmatrix}2&-1&-1\\-4&7&4\end{pmatrix}$；

(3) $\begin{pmatrix} 1 & \frac{1}{5} \\ 0 & 0 \\ 0 & \frac{8}{5} \end{pmatrix}$;　　(4) $\begin{pmatrix} 0 & 0 & 1 \\ \frac{5}{12} & \frac{5}{12} & -\frac{11}{12} \\ -\frac{4}{3} & \frac{5}{3} & -\frac{2}{3} \end{pmatrix}$.

15. (1) $R(\boldsymbol{A})=3$;　(2) $R(\boldsymbol{A})=3$;　(3) $R(\boldsymbol{A})=2$.

16. 能;能;否.

17. $a=-1$.

18. $a=-1$ 或 $a=2$.

19. $R(\boldsymbol{A})=2, R(\boldsymbol{B})=3$.

习题三

1. $\boldsymbol{\gamma}=\begin{pmatrix} -3 \\ 7 \\ -17 \\ 2 \\ -8 \end{pmatrix}$.

2. $\boldsymbol{\alpha}=\begin{pmatrix} 10 \\ -5 \\ -9 \\ 2 \end{pmatrix}, \boldsymbol{\beta}=\begin{pmatrix} -7 \\ 4 \\ 7 \\ -1 \end{pmatrix}$.

3. (1) $\boldsymbol{\beta}=\frac{7}{3}\boldsymbol{\alpha}_1+\frac{2}{3}\boldsymbol{\alpha}_2$;　(2) $\boldsymbol{\beta}=\boldsymbol{\alpha}_1+\boldsymbol{\alpha}_3$;　(3) 不能.

4. $k\neq 0,-3$.

5. (1) 线性无关;　(2) 线性无关;　(3) 线性相关.

6. (1) $\boldsymbol{\alpha}_1=\begin{pmatrix} 1 \\ 0 \end{pmatrix}, \boldsymbol{\alpha}_2=\begin{pmatrix} 0 \\ 0 \end{pmatrix}$;

(2) $\boldsymbol{\alpha}_1=\begin{pmatrix} 1 \\ 0 \end{pmatrix}, \boldsymbol{\beta}=\begin{pmatrix} -1 \\ 0 \end{pmatrix}, \lambda=1$;

(3) $\boldsymbol{\alpha}=\begin{pmatrix} 1 \\ 0 \end{pmatrix}, \boldsymbol{\beta}=\begin{pmatrix} 0 \\ 0 \end{pmatrix}$;

(4) $\boldsymbol{\alpha}_1=\begin{pmatrix} 1 \\ 0 \end{pmatrix}, \boldsymbol{\alpha}_2=\begin{pmatrix} 0 \\ 0 \end{pmatrix}$; $\boldsymbol{\beta}_1=\begin{pmatrix} 0 \\ 0 \end{pmatrix}, \boldsymbol{\beta}_2=\begin{pmatrix} 1 \\ 1 \end{pmatrix}$; $\lambda_1=0, \lambda_2=1$.

8. $ml=1$.

13. (1) 秩为 2,$\boldsymbol{\alpha}_1,\boldsymbol{\alpha}_2$;　(2) 秩为 3,$\boldsymbol{\alpha}_1,\boldsymbol{\alpha}_2,\boldsymbol{\alpha}_4$.

14. 极大无关组为$\boldsymbol{\alpha}_1,\boldsymbol{\alpha}_2,\boldsymbol{\alpha}_4$;$\boldsymbol{\alpha}_3=3\boldsymbol{\alpha}_1+\boldsymbol{\alpha}_2, \boldsymbol{\alpha}_5=2\boldsymbol{\alpha}_1+\boldsymbol{\alpha}_2$.

15. $a=15,b=5$.

16. $a=1$.

17. (1) $R(\boldsymbol{A})=3$,三平面交于坐标原点;

(2) $R(\boldsymbol{A})=2$,三平面交于一直线;

(3) $R(\boldsymbol{A})=1$,三平面重合.

18. (1) 不构成向量空间;

(2) $\dim V=n-1$,基为 $\begin{pmatrix}-1\\1\\0\\\vdots\\0\end{pmatrix},\begin{pmatrix}-1\\0\\1\\\vdots\\0\end{pmatrix},\cdots,\begin{pmatrix}-1\\0\\0\\\vdots\\1\end{pmatrix}$;

(3) 不构成向量空间;

(4) $\dim V=2$,基为 $\begin{pmatrix}5\\1\\0\end{pmatrix},\begin{pmatrix}0\\0\\1\end{pmatrix}$.

19. $(1,2,-3,2)^{\mathrm{T}}$.

20. $\boldsymbol{\gamma}=\begin{pmatrix}1\\3\\2\end{pmatrix}$.(答案不惟一)

习题四

1. (1) $\boldsymbol{x}=k\begin{pmatrix}-\frac{3}{10}\\\frac{11}{10}\\1\end{pmatrix},k\in\mathbb{R}$;　(2) $\boldsymbol{x}=k\begin{pmatrix}4\\-9\\4\\3\end{pmatrix},k\in\mathbb{R}$;

(3) $\boldsymbol{x}=\begin{pmatrix}0\\0\\0\\0\end{pmatrix}$;　(4) $\boldsymbol{x}=k\begin{pmatrix}1\\-3\\-3\\1\end{pmatrix},k\in\mathbb{R}$.

2. (1) $\boldsymbol{x}=\begin{pmatrix}\frac{11}{8}\\-\frac{13}{8}\\-\frac{23}{8}\end{pmatrix}$;　(2) $\begin{pmatrix}x\\y\\z\end{pmatrix}=\begin{pmatrix}-1\\2\\0\end{pmatrix}+k\begin{pmatrix}-2\\1\\1\end{pmatrix},k\in\mathbb{R}$;

(3) $\boldsymbol{x}=\begin{pmatrix}-16\\23\\0\\0\\0\end{pmatrix}+k_1\begin{pmatrix}1\\-2\\1\\0\\0\end{pmatrix}+k_2\begin{pmatrix}1\\-2\\0\\1\\0\end{pmatrix}+k_3\begin{pmatrix}5\\-6\\0\\0\\1\end{pmatrix},k_1,k_2,k_3\in\mathbb{R}$;

(4) $\boldsymbol{x}=\begin{pmatrix}1\\0\\-1\\-1\\0\end{pmatrix}+k\begin{pmatrix}1\\0\\-2\\1\\2\end{pmatrix},k\in\mathbb{R}$.

3. $\begin{cases}x_1-2x_2+x_3=0,\\2x_1-3x_2+x_4=0.\end{cases}$

4. $\begin{pmatrix}-1&-2&0\\1&0&0\\0&1&0\end{pmatrix}$.

8. $\lambda=1$ 或 -2 时有解,

当 $\lambda=1$ 时,$\boldsymbol{x}=\begin{pmatrix}1\\0\\0\end{pmatrix}+k\begin{pmatrix}1\\1\\1\end{pmatrix},k\in\mathbb{R}$;

当 $\lambda=-2$ 时,$\boldsymbol{x}=\begin{pmatrix}2\\2\\0\end{pmatrix}+k\begin{pmatrix}1\\1\\1\end{pmatrix},k\in\mathbb{R}$.

9. 当 $\lambda\neq1$ 且 $\lambda\neq10$ 时,方程组有惟一解;

当 $\lambda=10$ 时,方程组无解;

当 $\lambda=1$ 时,方程组有无穷多解,其通解为 $\boldsymbol{x}=\begin{pmatrix}1\\0\\0\end{pmatrix}+k_1\begin{pmatrix}-2\\1\\0\end{pmatrix}+k_2\begin{pmatrix}2\\0\\1\end{pmatrix},k_1,k_2\in\mathbb{R}$.

10. $\boldsymbol{x}=\begin{pmatrix}1\\1\\1\\1\end{pmatrix}+k\begin{pmatrix}1\\-2\\1\\0\end{pmatrix},k\in\mathbb{R}$.

习题五

1. (1) $\langle\boldsymbol{\alpha},\boldsymbol{\beta}\rangle=\langle\boldsymbol{\alpha},\boldsymbol{\gamma}\rangle=0$;

(2) $\boldsymbol{\alpha}$ 与 $\boldsymbol{\beta}$ 及 $\boldsymbol{\alpha}$ 与 $\boldsymbol{\gamma}$ 正交,且

$$\boldsymbol{\alpha}_1=\begin{pmatrix}\frac{1}{\sqrt{6}}\\ \frac{2}{\sqrt{6}}\\ -\frac{1}{\sqrt{6}}\end{pmatrix},\quad \boldsymbol{\beta}_1=\begin{pmatrix}\frac{1}{\sqrt{11}}\\ \frac{1}{\sqrt{11}}\\ \frac{3}{\sqrt{11}}\end{pmatrix},\quad \boldsymbol{\gamma}_1=\begin{pmatrix}0\\ \frac{1}{\sqrt{5}}\\ \frac{2}{\sqrt{5}}\end{pmatrix}.$$

2. $\lambda=-2,\boldsymbol{\gamma}=\begin{pmatrix}-2\\ 2\\ -1\end{pmatrix}$.

3. (1) $\boldsymbol{\beta}_1=\begin{pmatrix}1\\ 1\\ 1\end{pmatrix},\boldsymbol{\beta}_2=\begin{pmatrix}-1\\ 0\\ 1\end{pmatrix},\boldsymbol{\beta}_1=\frac{1}{3}\begin{pmatrix}1\\ -2\\ 1\end{pmatrix}$;

(2) $\boldsymbol{\beta}_1=\begin{pmatrix}1\\ 0\\ -1\\ 1\end{pmatrix},\boldsymbol{\beta}_2=\begin{pmatrix}\frac{1}{3}\\ -1\\ \frac{2}{3}\\ \frac{1}{3}\end{pmatrix},\boldsymbol{\beta}_3=\begin{pmatrix}-\frac{1}{5}\\ \frac{3}{5}\\ \frac{3}{5}\\ \frac{4}{5}\end{pmatrix}$.

4. (1) 不是；　　(2) 是.

5. $\boldsymbol{\alpha}_2=\begin{pmatrix}-2\\ 1\\ 0\end{pmatrix},\boldsymbol{\alpha}_3=\frac{1}{5}\begin{pmatrix}-2\\ -4\\ 5\end{pmatrix}$.

7. (1) $\lambda_1=-1$,所对应的特征向量为 $k_1\begin{pmatrix}1\\ 1\end{pmatrix},k_1\neq 0,k_1\in\mathbb{R}$；

$\lambda_2=5$,所对应的特征向量为 $k_2\begin{pmatrix}-1\\ 1\end{pmatrix},k_2\neq 0,k_2\in\mathbb{R}$；

(2) $\lambda_1=-1$,所对应的特征向量为 $k_1\begin{pmatrix}0\\ -1\\ 1\end{pmatrix},k_1\neq 0,k_1\in\mathbb{R}$；

$\lambda_2=2$,所对应的特征向量为 $k_2\begin{pmatrix}1\\ 0\\ 0\end{pmatrix},k_2\neq 0,k_2\in\mathbb{R}$；

$\lambda_3=5$,所对应的特征向量为 $k_3\begin{pmatrix}0\\1\\1\end{pmatrix}$,$k_3\neq0$,$k_3\in\mathbb{R}$;

(3) $\lambda_1=-7$,所对应的特征向量为 $k_1\begin{pmatrix}1\\2\\-2\end{pmatrix}$,$k_1\neq0$,$k_1\in\mathbb{R}$;

$\lambda_2=\lambda_3=2$,所对应的特征向量为 $k_2\begin{pmatrix}-2\\1\\0\end{pmatrix}+k_3\begin{pmatrix}2\\0\\1\end{pmatrix}$,$k_2$,$k_3$ 为不同时为零的实数;

(4) $\lambda_1=2$,所对应的特征向量为 $k_1\begin{pmatrix}-1\\0\\1\end{pmatrix}$,$k_1\neq0$,$k_1\in\mathbb{R}$;

$\lambda_2=\lambda_3=1$,所对应的特征向量为 $k_2\begin{pmatrix}0\\0\\1\end{pmatrix}$,$k_2\neq0$,$k_2\in\mathbb{R}$.

8. (1) $x=3$,$y=5$;　　(2) $\boldsymbol{P}=\begin{pmatrix}1&0&0\\0&-1&1\\0&1&1\end{pmatrix}$.

9. $\begin{pmatrix}-\frac{1}{3}&0&\frac{2}{3}\\0&\frac{1}{3}&\frac{2}{3}\\\frac{2}{3}&\frac{2}{3}&0\end{pmatrix}$.

10. -1,-3,3.

11. (1) 0;　(2) 0;　(3) 0;　(4) 0.

12. $x=3$.

13. (1) $a=-3$,$b=0$,$\lambda=-1$;

(2) 不能,线性无关的特征向量的个数小于3.

14. $2\begin{pmatrix}1&1&-2\\1&1&-2\\-2&-2&4\end{pmatrix}$.

15. (1) $\boldsymbol{Q}=\begin{pmatrix} \frac{1}{3} & -\frac{2}{3} & \frac{2}{3} \\ \frac{2}{3} & -\frac{1}{3} & -\frac{2}{3} \\ \frac{2}{3} & \frac{2}{3} & \frac{1}{3} \end{pmatrix}, \boldsymbol{\Lambda}=\begin{pmatrix} -2 & 0 & 0 \\ 0 & 1 & 0 \\ 0 & 0 & 4 \end{pmatrix}$;

(2) $\boldsymbol{Q}=\begin{pmatrix} -\frac{1}{\sqrt{2}} & 0 & \frac{1}{\sqrt{2}} \\ 0 & 1 & 0 \\ \frac{1}{\sqrt{2}} & 0 & \frac{1}{\sqrt{2}} \end{pmatrix}, \boldsymbol{\Lambda}=\begin{pmatrix} -3 & 0 & 0 \\ 0 & 3 & 0 \\ 0 & 0 & 3 \end{pmatrix}$.

16. (1) $f=\boldsymbol{x}^{\mathrm{T}}\boldsymbol{A}\boldsymbol{x}$,其中 $\boldsymbol{A}=\begin{pmatrix} 1 & 1 & 1 \\ 1 & -2 & 3 \\ 1 & 3 & 5 \end{pmatrix}, \boldsymbol{x}=\begin{pmatrix} x_1 \\ x_2 \\ x_3 \end{pmatrix}$;

(2) $f=\boldsymbol{x}^{\mathrm{T}}\boldsymbol{A}\boldsymbol{x}$,其中 $\boldsymbol{A}=\begin{pmatrix} 0 & \frac{1}{2} & 0 & \frac{1}{2} \\ \frac{1}{2} & 0 & \frac{1}{2} & 0 \\ 0 & \frac{1}{2} & 0 & \frac{1}{2} \\ \frac{1}{2} & 0 & \frac{1}{2} & 0 \end{pmatrix}, \boldsymbol{x}=\begin{pmatrix} x_1 \\ x_2 \\ x_3 \\ x_4 \end{pmatrix}$.

17. (1) $\boldsymbol{x}=\begin{pmatrix} \frac{2}{3} & \frac{2}{3} & \frac{1}{3} \\ \frac{1}{3} & -\frac{2}{3} & \frac{2}{3} \\ -\frac{2}{3} & \frac{1}{3} & \frac{2}{3} \end{pmatrix}\boldsymbol{y}, f=y_1^2+4y_2^2-2y_3^2$;

(2) $\boldsymbol{x}=\begin{pmatrix} 0 & \frac{4}{3\sqrt{2}} & \frac{1}{3} \\ \frac{1}{\sqrt{2}} & \frac{1}{3\sqrt{2}} & -\frac{2}{3} \\ \frac{1}{\sqrt{2}} & -\frac{1}{3\sqrt{2}} & \frac{2}{3} \end{pmatrix}\boldsymbol{y}, f=9y_3^2$.

18. (1) $\begin{cases} x_1=y_1, \\ x_2=y_1+y_2, \\ x_3=\frac{1}{4}y_1+y_3, \end{cases} \quad f=\frac{3}{2}y_1^2-y_2^2-8y_3^2$;

(2) $\begin{cases} x_1 = y_1 + y_2, \\ x_2 = y_1 - y_2 - 2y_3, \\ x_3 = y_3, \end{cases}$ $f = 2y_1^2 - 2y_2^2$.

19. (1) 负定；　(2) 正定.

20. (1) $-\sqrt{2} < t < \sqrt{2}$；　(2) $-\sqrt{2} - 1 < t < \sqrt{2} - 1$.

习题六

1. 是.

2. (1) 是；(2) 不是；(3) 不是；(4) 不是.

3. (1) $T(\boldsymbol{\alpha}_1) = (0,0)^{\mathrm{T}}$；　(2) $T(\boldsymbol{\alpha}_2) = (1,0)^{\mathrm{T}}$；　(3) $T(\boldsymbol{\alpha}_3) = (3,1)^{\mathrm{T}}$；
(4) $T(\boldsymbol{\alpha}_4) = (2,1)^{\mathrm{T}}$.

4. $(1,0,-1,0)^{\mathrm{T}}$.

5. $\begin{pmatrix} -27 & -71 & -41 \\ 9 & 20 & 9 \\ 4 & 12 & 8 \end{pmatrix}$.

6. (1) $\begin{pmatrix} \frac{2}{3} & \frac{4}{3} \\ -\frac{1}{3} & \frac{1}{3} \end{pmatrix}$；　(2) $\begin{pmatrix} \frac{4}{3} & -\frac{2}{3} \\ \frac{5}{3} & -\frac{1}{3} \end{pmatrix}$.

7. $\begin{pmatrix} 1 & -1 & 0 \\ 0 & 2 & 0 \\ 0 & 0 & 1 \end{pmatrix}$.

8. (1) $\begin{pmatrix} 2 & 0 & 5 & 6 \\ 1 & 3 & 3 & 6 \\ -1 & 1 & 2 & 1 \\ 1 & 0 & 1 & 3 \end{pmatrix}$；　(2) $\begin{pmatrix} \frac{12}{27} & \frac{9}{27} & -1 & -\frac{33}{27} \\ \frac{1}{27} & \frac{12}{27} & -\frac{9}{27} & -\frac{23}{27} \\ \frac{9}{27} & 0 & 0 & -\frac{18}{27} \\ -\frac{7}{27} & -\frac{3}{27} & \frac{9}{27} & \frac{26}{27} \end{pmatrix} \begin{pmatrix} x_1 \\ x_2 \\ x_3 \\ x_4 \end{pmatrix}$；

(3) $(1,1,1,-1)^{\mathrm{T}}$.（答案不惟一）